やさしく・ていねいに・体系的に

講義がわかる 力学

Dynamics to Understand Lecture

竹川 敦 著
Atsushi TAKEKAWA

裳華房

DYNAMICS TO UNDERSTAND LECTURE
by
Atsushi TAKEKAWA

SHOKABO
TOKYO

〈出版者著作権管理機構 委託出版物〉

は じ め に

　本書は，理工系のみならず文系も含めて，**物理に苦手意識をもつすべての大学生**に向けて執筆した初歩的な力学の教科書および参考書です．大学で学ぶ力学のすべての内容を網羅しているわけではありませんが，本書をあらかじめ読んでおくと，力学の基礎が身につき，大学における力学の講義が理解しやすくなるでしょう．そして，ぜひそうなって欲しいという強い思いを込めて本書を執筆しました．

　読者の皆さんには「力学がわかった！」という気持ちになっていただきたいのですが，そのためには，何が定義（＝言葉の決まり）で，何が根本となる法則で，何がそこからの導出事項なのかという，力学という学問の論理構造を理解することが極めて重要です．そのことを，主に1つの物体の運動についての話に限定することで，できる限りきめ細かく，丁寧に，わかりやすく解説しました．本書を最後まで読んで理解できれば，力学の基礎が身につくと思います．そして，本書の先に広がる発展的な内容を自分で理解するための足場を固めることができると思います．

　力学を本格的に学ぶためには，微分や積分を用いた表現や式など，相当高度な数学まで踏み込んで理解する必要があります．多くの初学者向けの本はそれらの解説を避けて書かれていますが，大学では，いずれは学ばなくてはなりませんし，なるべく早い段階で理解することが望まれています．そこで本書では敢えて真っ向から立ち向かい，そうした数学も含めて，できる限りわかりやすく解説するように努めました．

　本書の元となる原稿の執筆を開始したのが2014年で，そこからほぼ毎日，執筆と改訂をし続けて完成したのが本書です．本書を読むことで，「力学の授業がわかるようになった！」，「力学の教科書が読めるようになった！」という方が1人でも多く現れることを願っております．

〜 力学を教えるにあたって 〜

　大学の力学の講義に役立つような本はできないだろうかという思いから，本書の執筆をはじめました．本書は，大学1年生で学ぶ力学のすべての内容を網羅しているわけではありません．平面運動，座標変換，質点系の運動等，学ぶべき内容がいろいろと欠けています．しかし，主に1質点の1次元の運動に話を限定することで，学生がきちんと自力で運動方程式を立式できるようになり，そこから微分方程式を解くという流れを理解してもらうことと，様々な保存量の意味を理解し，それらの関係式を運動方程式から導出して使いこなせるようになることを目指し，できる限りきめ細かく，丁寧に，わかりやすく解説しました．

　力学の本格的な講義を行うためには，微分を用いた速度および加速度，線積分を用いた仕事，外積を用いたモーメントといった，（学生にとっては）かなりハードルの高い数学を用いた用語の定義を説明する必要がありますが，（この説明が実際大変なためか）多くの初学者向けの本では解説を省略しています．しかし，教える側としては，なるべく早い段階で身につけてもらいたい内容でもあると思います．そこで本書では，敢えて初学者向けに真っ向から解説をしています．

また，近年，高等学校で物理を未履修の学生に対して，大学で力学をどのように教えるかという議論が盛んに行われており，通常のクラスとは別のクラスを用意して教える等，様々な試みがなされていますが，そのような試みの中には，高等学校の教科書や受験参考書をそのまま援用しているところもある，という話も聞きます．もちろん，それも一定の効果はあると思いますが，大学の物理は高等学校の物理とは教える順序や理解させるべき内容が異なるため，このままで良いのかと，私自身，疑問に感じていました．そこで，高等学校の物理の未履修者に，大学の物理の最初の一歩を要領よく教えることができないだろうか？という問いに対して，私なりに考えた1つの形が本書です．

大学1年生向けの力学の講義を行う際に，本書が教科書や参考書としてお役に立つことができれば，これ以上の喜びはありません．

～ 謝辞 ～

本書を執筆するにあたっては，国場敦夫氏，窪田健一氏，清水 明氏，田崎晴明氏，髙橋雅裕氏，田辺琴美氏，林 慧氏，福島孝治氏，吉川雄飛氏，エミン・ユルマズ氏をはじめ，非常に多くの方にご助言やアドバイスをいただきました．また，企画や編集においては，裳華房編集部の小野達也氏から貴重なご助言を非常に多くいただきました．ここに深くお礼を申し上げます．

最後に，家族・親族である竹川昭文，竹川良一，竹川瑠美子，竹川真理からの原稿に対する助言に感謝します．

2019年（令和元年）8月

竹 川 　 敦

目　　次

第Ⅰ部　運　動　と　力

1 速度と加速度

1-1　時刻と位置 …………………………… 2
1-2　平均の速度 …………………………… 4
1-3　速度 …………………………………… 4
1-4　秒速と時速の単位の換算 …………… 6
1-5　平均の加速度 ………………………… 7
1-6　加速度 ………………………………… 7
1-7　加速度と位置の関係 ………………… 8
1-8　微分 …………………………………… 9
1-9　積分（不定積分） …………………… 12
章末問題 …………………………………… 14

2 物体が受ける力

2-1　物体が受ける力とその分類 ……… 15
2-2　重力 …………………………………… 16
2-3　接触力 ………………………………… 19
2-4　張力 …………………………………… 19
2-5　垂直抗力 ……………………………… 20
2-6　摩擦力 ………………………………… 21
2-7　弾性力 ………………………………… 22
2-8　抵抗力 ………………………………… 23
2-9　力の分解 ……………………………… 24
2-10　作用・反作用の法則 ……………… 25
2-11　基本法則 …………………………… 27
章末問題 …………………………………… 28

3 運動方程式の立式

3-1　運動方程式の立式 …………………… 30
3-2　運動の三法則 ………………………… 32
3-3　力のつりあい ………………………… 38
3-4　力のつりあいの成立条件 …………… 39
3-5　単位と次元 …………………………… 41
章末問題 …………………………………… 44

4 運動方程式を解く(1)

4-1　微分方程式 …………………………… 46
4-2　微分方程式の解 ……………………… 46
4-3　1階と2階の微分方程式の性質 ……… 48
4-4　微分方程式の解き方の分類 ………… 49
4-5　そのまま積分するタイプ（分類1）…… 49
4-6　等加速度直線運動の公式の導出 …… 52
章末問題 …………………………………… 57

5 運動方程式を解く(2)

5-1　変数を分離して積分するタイプで用いる
　　　数学のまとめ ……………………… 58
5-2　変数を分離して積分するタイプ（分類2）
　　　 …………………………………… 61
5-3　指数関数型の運動の式の導出 ……… 64
章末問題 …………………………………… 67

vi 目　次

6 運動方程式を解く（3）

6-1 単振動の式を仮定して解くタイプで用いる
　　数学のまとめ ･････････････････････････ 68
6-2 単振動とは ･･････････････････････････････ 70

6-3 単振動の式を仮定して解くタイプ（分類3）
　　･･ 73
6-4 単振動の式の導出 ････････････････････ 74
　　章末問題 ･････････････････････････････････ 79

第Ⅱ部　保　存　量

7 運　動　量

7-1 運動量 ･･･････････････････････････････････ 82
7-2 力積 ･････････････････････････････････････ 83
7-3 運動量と力積の関係 ････････････････ 88

7-4 運動量保存則の導出 ････････････････ 89
　　章末問題 ･････････････････････････････････ 91

8 運動エネルギー

8-1 運動エネルギー ･････････････････････ 93
8-2 仕事 ･････････････････････････････････････ 94

8-3 運動エネルギーと仕事の関係 ･･･････ 102
　　章末問題 ･･････････････････････････････････ 105

9 力学的エネルギー

9-1 保存力 ･･････････････････････････････････ 107
9-2 位置エネルギー ･････････････････････ 108
9-3 保存力がする仕事と位置エネルギー
　　の関係式 ･･････････････････････････････ 110

9-4 力学的エネルギーと非保存力の仕事
　　の関係 ･･････････････････････････････････ 112
9-5 力学的エネルギー保存則 ････････････ 113
　　章末問題 ･･････････････････････････････････ 115

10 角　運　動　量

10-1 角運動量 ････････････････････････････ 116
10-2 力のモーメント ･･････････････････ 121
10-3 角運動量と力のモーメントの関係 ･･････124

10-4 角運動量保存則 ･･･････････････････････ 124
　　章末問題 ･･････････････････････････････････ 126

ま　と　め

S-1 物理法則の相互関係 ････････････････ 128
S-2 運動量と力積の関係の導出（1次元）･･･ 129
S-3 運動量と力積の関係の導出（3次元）･･･ 129
S-4 運動エネルギーと仕事の関係の導出
　　（1次元）････････････････････････････････ 130

S-5 運動エネルギーと仕事の関係の導出
　　（3次元）･･･････････････････････････････････ 131
S-6 角運動量と力のモーメントの関係の導出
　　･･ 132

付録 1　有効数字と末位の桁数

A1-1　有効数字と末位の桁数……………134
A1-2　たし算, ひき算の処理の仕方………134
A1-3　かけ算, わり算の処理の仕方………135

付録 2　関数, 引数, 値……………………………137

付録 3　三 角 関 数

A3-1　角度の測り方………………………139
A3-2　三角関数……………………………139
A3-3　$\sin^2\theta + \cos^2\theta = 1$ の証明…………141
A3-4　$\sin(-\theta) = -\sin\theta$, $\cos(-\theta) = \cos\theta$
　　　の証明………………………………141
A3-5　$\sin(\theta + \pi/2) = \cos\theta$, $\cos(\theta + \pi/2)$
　　　　　$= -\sin\theta$ の証明……………142
A3-6　加法定理の証明……………………143

付録 4　ベ ク ト ル

A4-1　ベクトル……………………………144
A4-2　ベクトルの成分表示………………144
A4-3　ベクトルのたし算…………………145
A4-4　ベクトルの定数倍…………………146
A4-5　ベクトルのひき算…………………146
A4-6　ベクトルの内積……………………147
A4-7　ベクトルの外積……………………148

章末問題解答……………………………………………………………………152
索　引……………………………………………………………………………171

第 I 部　運 動 と 力

　本書の第 I 部は，運動方程式から運動を求めるという，力学の非常に重要な流れを意識して書かれています．具体的には，次のとおりです．

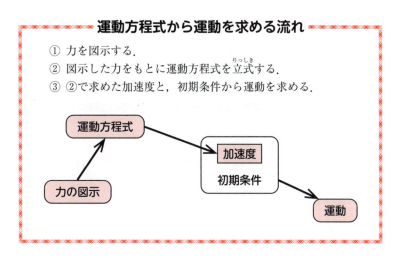

運動方程式から運動を求める流れ
① 力を図示する．
② 図示した力をもとに運動方程式を立式（りっしき）する．
③ ②で求めた加速度と，初期条件から運動を求める．

　ここで「運動方程式を立式」とは，運動方程式とよばれる法則をつくることを意味します．また，「初期条件」とは，初期位置と初速度（＝ はじめの位置と速度）を表します．
　まず第 1 章で速度，加速度といった定義（＝ 言葉の決まり）を学び，第 2 章で力とは何か，そして，その図示の仕方を学びます．第 3 章で運動方程式とはどのような法則であるかということと，その立式の仕方を学び，第 4 ～ 6 章で加速度と初期条件からの運動の求め方をそれぞれ学びます．
　この第 I 部を通して，運動方程式から運動を求めるという大きな流れをマスターしてください．

速度と加速度

本章では，直線上の運動における**速度**，**加速度**の定義（つまり，速度，加速度の言葉の決まり）をしっかりと学びます．それには**微分**という数学の概念も必要ですので，微分についても学び，あわせて，微分の逆の計算である**積分**についても学びます．

1-1 時刻と位置

一般に物理では，時刻は t で，位置は x などの文字で表し，「時刻 t での位置 x」のように時刻を強調したい場合は $x(t)$ と表します．なお，時刻の単位は s（second，つまり秒），位置の単位は m（メートル）で表します．

（例）

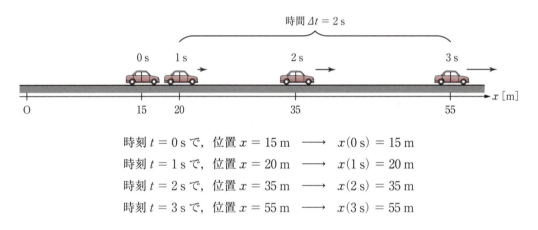

時刻 $t = 0\,\mathrm{s}$ で，位置 $x = 15\,\mathrm{m}$ ⟶ $x(0\,\mathrm{s}) = 15\,\mathrm{m}$
時刻 $t = 1\,\mathrm{s}$ で，位置 $x = 20\,\mathrm{m}$ ⟶ $x(1\,\mathrm{s}) = 20\,\mathrm{m}$
時刻 $t = 2\,\mathrm{s}$ で，位置 $x = 35\,\mathrm{m}$ ⟶ $x(2\,\mathrm{s}) = 35\,\mathrm{m}$
時刻 $t = 3\,\mathrm{s}$ で，位置 $x = 55\,\mathrm{m}$ ⟶ $x(3\,\mathrm{s}) = 55\,\mathrm{m}$

● 物理でよく使う用語の解説

物理量と数値と単位

物理で扱う，測定によって得られる量や，それらの量から計算して得られる量を**物理量**といいます．そして，図のように，物理量は**数値**と**単位**のかけ算の形で表します（詳しくは 3-5 節を参照）．

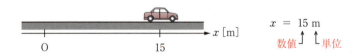

なお，物理量は x, t のように斜体（イタリック体），単位は m，s のように立体（ローマン体）で表して区別します[*]．

---

[*] 座標軸において $x\,[\mathrm{m}]$ のように本書で表すときは，位置 x という物理量を m という単位で表したときの数値のことを意味するとします．

時刻と時刻の間である**時間**は Δt で表します（Δ はデルタと読みます）．そして，時刻 t における位置を $x(t)$ と表したように，時刻 $t + \Delta t$ における位置は $x(t + \Delta t)$ と表します．

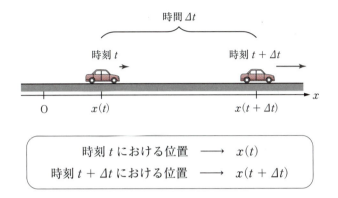

時刻 t における位置	$\longrightarrow$ $x(t)$
時刻 $t + \Delta t$ における位置	$\longrightarrow$ $x(t + \Delta t)$

また，位置の変化を**変位**といい，$\Delta x = x(t + \Delta t) - x(t)$ と表します．

位置の変化で，変位．

―――――― コラム（座標軸のとり方）――――――

たとえば，ある物体（バス停）の位置を表すときに，図のように x 軸をとった A さんにとっては「物体は 10 m の位置にある」ことになり，x' 軸をとった B さんにとっては「物体は 13 m の位置にある」ことになります．このように物体の位置は，座標軸のとり方に応じて数値が変わる量です．

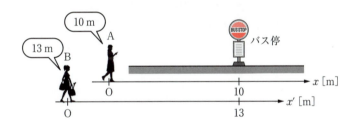

座標軸（x 軸）のとり方は，本来，自由に選んでよいものです．ただし，「普通は，このように座標軸をとる」という**慣習**はあります．それは，はじめの位置を原点にすることと，（動く物体の場合）動きだす向きを正の向きにとることです．もちろん，問題などで座標軸があらかじめ指定されている場合は，それにあわせて考えるのが一般的です．

―― 座標軸のとり方の慣習 ――
- はじめの位置を原点にとる．
- 動きだす向きを正の向きにとる．

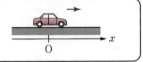

1-2 平均の速度

変位 $\Delta x = x(t + \Delta t) - x(t)$ を時間 Δt でわったものを**平均の速度**といい，$\bar{v}$ と表します（ブイバーと読みます）．そして，単位は一般に m/s（メートル毎秒）で表します．

$$\bar{v} = \frac{\Delta x}{\Delta t} = \frac{x(t + \Delta t) - x(t)}{\Delta t} \tag{1.1}$$

平均の速度 $\bar{v}$

[例題 1.1]

時間を Δt，その間の物体の変位を Δx で表すとき，次の平均の速度 $\bar{v}$ を求めなさい．

(1) $\Delta t = 20$ s で $\Delta x = 80$ m の場合 (2) $\Delta t = 1.5$ s で $\Delta x = 90$ m の場合
(3) $\Delta t = 2.0$ s で $\Delta x = -60$ m の場合

[解]

(1) $\bar{v} = \dfrac{\Delta x}{\Delta t} = \dfrac{80 \text{ m}}{20 \text{ s}} = 4.0 \text{ m/s}$ (2) $\bar{v} = \dfrac{\Delta x}{\Delta t} = \dfrac{90 \text{ m}}{1.5 \text{ s}} = 60 \text{ m/s}$

(3) $\bar{v} = \dfrac{\Delta x}{\Delta t} = \dfrac{-60 \text{ m}}{2.0 \text{ s}} = -30 \text{ m/s}$

☞ **アドバイス**

問題文の数値がすべて有効数字 2 桁なので，解答の数値も有効数字 2 桁にしましょう．

> 有効数字については付録 1 を参照してね．

[例題 1.1] の(3)のように，変位と平均の速度は負の値もとり，これは x 軸の負の向きに移動することを意味します．変位と平均の速度は<u>向きつきの量</u>であり，正なら x 軸の正の向き，負なら x 軸の負の向きになります．

1-3 速 度

[例題 1.1] の(1)では，20 s の間に 80 m 進むことから平均の速度は 4.0 m/s となりました．これはあくまで「平均の」速度であり，瞬間の速度とは異なるので，途中で停止してもよいですし，ある瞬間には，たとえば 7.0 m/s となっていても構いません．

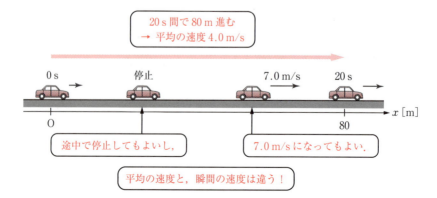

では，時刻 t の**瞬間の速度** $v(t)$ を求めるにはどうしたらよいでしょうか？ それには，時間 Δt を 0.0001 s のように，ものすごく小さくすれば（限りなくゼロに近づければ）よいのです．

Δt を限りなくゼロに近づけた極限が，時刻 t の瞬間の速度 $v(t)$ です．単に**速度**といった場合は，瞬間の速度を表します．

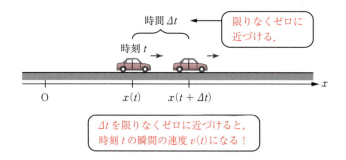

（瞬間の）速度 $v(t)$

$$v(t) = \frac{x(t + \Delta t) - x(t)}{\Delta t} \quad (\text{ただし，}\Delta t \text{を限りなくゼロに近づける．})$$

このことを，数学的には $\lim_{\Delta t \to 0}$ という記号（lim はリミットと読みます）を用いて次のように表します．

（瞬間の）速度 $v(t)$

$$v(t) = \lim_{\Delta t \to 0} \frac{x(t + \Delta t) - x(t)}{\Delta t}$$

$\lim_{\Delta t \to 0}$ は，「$\dfrac{x(t + \Delta t) - x(t)}{\Delta t}$ の Δt を限りなくゼロに近づけた極限」を表します．また，この右辺は数学で学ぶ（1-8 節で述べる）微分そのものなので，

（瞬間の）速度 $v(t)$

$$v(t) = \lim_{\Delta t \to 0} \frac{x(t + \Delta t) - x(t)}{\Delta t} = \frac{dx}{dt} \tag{1.2}$$

と表します．つまり，速度 v は位置 x の時間微分であるといえます．

> $\dfrac{dx}{dt}$ は，dx/dt や $\dot{x}$（エックスドットと読む）と書く場合もあるよ．

なお，速度の大きさのことを**速さ**といいます．

1-4 秒速と時速の単位の換算

速度は主に m/s（メートル毎秒）で表しますが，km/h（キロメートル毎時）で表すこともあります．これらが互いに換算できるようになりましょう．

[例題 1.2]

次の問いに答えなさい．
(1) 72 km/h（すなわち，時速 72 km）は，何 m/s でしょうか．
(2) 15 m/s（すなわち，秒速 15 m）は，何 km/h でしょうか．

[解]
(1) 1 km = 1000 m と，1 h = 60 × 60 s（1 時間は 60 分で，60 × 60 秒であること）を用い，km/h が分数の形になっていることに注目して変形します．

$$72 \text{ km/h} = 72 \frac{\text{km}}{\text{h}} = 72 \times 1000 \frac{\text{m}}{\text{h}} = \frac{72 \times 1000}{60 \times 60} \frac{\text{m}}{\text{s}} = 20 \frac{\text{m}}{\text{s}} = 20 \text{ m/s}$$

（1 km = 1000 m）　（1 h = 60 × 60 s）

(2) m/s から km/h への変換は，$1 \text{ m} = \frac{1}{1000} \text{ km}$ と $1 \text{ s} = \frac{1}{60 \times 60} \text{ h}$ を用い，m/s が分数の形になっていることに注目して変形します．

$$\left(1 \text{ m} = \frac{1}{1000} \text{ km} \right) \quad \left(1 \text{ s} = \frac{1}{60 \times 60} \text{ h} \right)$$

$$15 \text{ m/s} = 15 \frac{\text{m}}{\text{s}} = \frac{15}{1000} \frac{\text{km}}{\text{s}} = \frac{15}{1000 \times \frac{1}{60 \times 60}} \frac{\text{km}}{\text{h}}$$

$$= \frac{15 \times 60 \times 60}{1000} \frac{\text{km}}{\text{h}} = 54 \frac{\text{km}}{\text{h}} = 54 \text{ km/h}$$

━━━━━━━━━━━━━ コラム（さらに速くしていくと）━━━━━━━━━━━━━

[例題 1.2] の(1)で求めた時速 72 km = 20 m/s を 2 倍にするとプロ野球のピッチャーの球速程度の速さになりますが，それでも 40 m/s = 0.040 km/s です．これをさらに速くしていき 200 倍ぐらいの約 7.9 km/s にすると，第一宇宙速度とよばれる速さになります．これは，人工衛星が地球表面すれすれを等速円運動するときの速さです．そして，約 11 km/s にすると，第二宇宙速度とよばれる速さになります．これは，地球の引力圏を脱することができる速さになります．

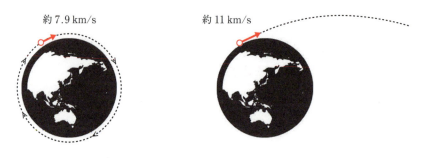

1-5 平均の加速度

速度の変化 $\Delta v = v(t + \Delta t) - v(t)$ を時間 Δt でわったものを**平均の加速度**といい，$\bar{a}$ と表します（エイバーと読みます）．そして，単位は一般に $\mathrm{m/s^2}$（メートル毎秒毎秒）で表します．

$$\boxed{\text{平均の加速度 } \bar{a} \qquad \bar{a} = \frac{\Delta v}{\Delta t} = \frac{v(t + \Delta t) - v(t)}{\Delta t}} \tag{1.3}$$

[例題 1.3]

時間を Δt，その間の物体の速度の変化を Δv で表すとき，次の平均の加速度 $\bar{a}$ を求めなさい．

(1)　$\Delta t = 20\,\mathrm{s}$ で $\Delta v = 40\,\mathrm{m/s}$ の場合　　(2)　$\Delta t = 15\,\mathrm{s}$ で $\Delta v = 0\,\mathrm{m/s}$ の場合

(3)　$\Delta t = 20\,\mathrm{s}$ で $\Delta v = -60\,\mathrm{m/s}$ の場合

[解]

(1)　$\bar{a} = \dfrac{\Delta v}{\Delta t} = \dfrac{40\,\mathrm{m/s}}{20\,\mathrm{s}} = 2.0\,\mathrm{m/s^2}$　　(2)　$\bar{a} = \dfrac{\Delta v}{\Delta t} = \dfrac{0\,\mathrm{m/s}}{15\,\mathrm{s}} = 0\,\mathrm{m/s^2}$

(3)　$\bar{a} = \dfrac{\Delta v}{\Delta t} = \dfrac{-60\,\mathrm{m/s}}{20\,\mathrm{s}} = -3.0\,\mathrm{m/s^2}$

　平均の加速度は，速度が［例題1.3］の(1)のように増加する場合は正，(2)のように一定の場合はゼロ，(3)のように減少する場合は負になります．平均の加速度も<u>向きつきの量</u>であり，正なら x 軸の正の向き，負なら x 軸の負の向きになります．

1-6 加 速 度

　平均の加速度も，平均の速度と瞬間の速度が異なったように，瞬間の加速度とは異なります．

　時刻 t の**瞬間の加速度** $a(t)$ を求めるには，時間 Δt を $0.0001\,\mathrm{s}$ のようにものすごく小さくすればよく，Δt を限りなくゼロに近づけた極限が，時刻 t の瞬間の加速度 $a(t)$ です．単に**加速度**といった場合は，瞬間の加速度を表します．

$$\boxed{\text{（瞬間の）加速度 } a(t) \qquad a(t) = \frac{v(t + \Delta t) - v(t)}{\Delta t} \quad (\text{ただし，} \Delta t \text{ を限りなくゼロに近づける．})}$$

　このことを，数学的には $\displaystyle\lim_{\Delta t \to 0}$ の記号を用いて次のように表します．

$$\boxed{\text{（瞬間の）加速度 } a(t) \qquad a(t) = \lim_{\Delta t \to 0} \frac{v(t + \Delta t) - v(t)}{\Delta t}}$$

8   1. 速度と加速度

「$\lim\limits_{\Delta t \to 0}$ は $\dfrac{v(t + \Delta t) - v(t)}{\Delta t}$ の Δt を限りなくゼロに近づけた極限」を表します．また，この右辺は数学で学ぶ（1-8 節で述べる）微分そのものなので，

（瞬間の）加速度 $a(t)$

$$a(t) = \lim_{\Delta t \to 0} \frac{v(t + \Delta t) - v(t)}{\Delta t} = \frac{dv}{dt} \tag{1.4}$$

と表します．つまり，加速度 a は速度 v の時間微分であるといえます．

1-7 加速度と位置の関係

速度 v は位置 x の時間微分で $v = \dfrac{dx}{dt}$，また，加速度 a は速度 v の時間微分で $a = \dfrac{dv}{dt}$ と表せました．これら 2 つをあわせると，

$$a = \frac{d}{dt}v = \frac{d}{dt}\left(\frac{dx}{dt}\right) = \frac{d^2x}{dt^2} \tag{1.5}$$

と表すことができます．これを，加速度 a は位置 x の **2 階時間微分**といいます．

> $\dfrac{d^2x}{dt^2}$ は，d^2x/dt^2 や $\ddot{x}$（エックス・ツードットと読む）と書く場合もあるよ．

▷ 発展　一般的な速度，加速度の定義

ここまでは，1 次元での運動（つまり，直線上の運動）における速度，加速度の定義を述べてきましたが，3 次元空間（つまり，立体の世界）では，速度，加速度は $\vec{v}, \vec{a}$ といったベクトルで表されます（ベクトルについては付録 4 を参照）．

具体的にいうと，速度 $\vec{v}$，加速度 $\vec{a}$ は，位置ベクトルという始点を固定したベクトル $\vec{r}$ と時刻 t を用いて，1 次元のときと同様に

$$\begin{cases} \vec{v} = \dfrac{d\vec{r}}{dt} \\[2mm] \vec{a} = \dfrac{d\vec{v}}{dt} = \dfrac{d}{dt}\left(\dfrac{d\vec{r}}{dt}\right) = \dfrac{d^2\vec{r}}{dt^2} \end{cases} \tag{1.6}$$

と定義されます．これは，位置を $\vec{r} = (x, y, z)$，速度を $\vec{v} = (v_x, v_y, v_z)$，加速度を $\vec{a} = (a_x, a_y, a_z)$ のように x, y, z の 3 成分で表すと，

$$\begin{cases} v_x = \dfrac{dx}{dt}, & v_y = \dfrac{dy}{dt}, & v_z = \dfrac{dz}{dt} \\[2mm] a_x = \dfrac{d^2x}{dt^2}, & a_y = \dfrac{d^2y}{dt^2}, & a_z = \dfrac{d^2z}{dt^2} \end{cases} \tag{1.7}$$

と表せることを意味します．

1-8 微 分

ここでは，微分についてまとめておきましょう．定義は以下のとおりです．

微分とは

関数 $x = x(t)$ に対して
$$\frac{dx}{dt} = \lim_{\Delta t \to 0} \frac{x(t + \Delta t) - x(t)}{\Delta t}$$
で定義される関数を**導関数**といい，導関数を求めることを**微分**するという．

関数については付録2を参照してね．

✏️ **コメント** たとえば，$t = t_1$ における導関数の値 $\dfrac{dx(t_1)}{dt}$ のように，特定の t における導関数の値のことを，その点における**微分係数**（または**微係数**）といいます．

続いて，微分の性質と本書の前半の第1〜4章で用いる微分の計算をまとめておきます．

微分の性質

$x = x(t)$, $y = y(t)$, A：定数として

① $\dfrac{d}{dt}(Ax) = A\dfrac{dx}{dt}$ （←定数を前にだせる）

② $\dfrac{d}{dt}(x + y) = \dfrac{dx}{dt} + \dfrac{dy}{dt}$ （←たし算をばらせる）

(1.8)

微分の計算のまとめ

A：定数として
$$\frac{dA}{dt} = 0, \qquad \frac{d}{dt}(At) = A, \qquad \frac{d}{dt}(At^2) = 2At$$

(1.9)

［例題 1.4］

次の計算をしなさい．

(1) $\dfrac{d}{dt}(7)$ (2) $\dfrac{d}{dt}(3t)$ (3) $\dfrac{d}{dt}(4t^2)$ (4) $\dfrac{d}{dt}(2t + 7)$

［解］

(1) $\dfrac{d}{dt}(7) = 0$ (2) $\dfrac{d}{dt}(3t) = 3$ (3) $\dfrac{d}{dt}(4t^2) = 2 \times 4t = 8t$

　　$\boxed{\dfrac{d}{dt}(A) = 0}$ 　　$\boxed{\dfrac{d}{dt}(At) = A}$ 　　$\boxed{\dfrac{d}{dt}(At^2) = 2At}$

(4) $\dfrac{d}{dt}(2t + 7) = \dfrac{d}{dt}(2t) + \dfrac{d}{dt}(7) = 2 + 0 = 2$

　　$\boxed{\dfrac{d}{dt}(x + y) = \dfrac{dx}{dt} + \dfrac{dy}{dt}}$ 　$\boxed{\dfrac{d}{dt}(At) = A \text{ と } \dfrac{d}{dt}(A) = 0}$

10   1. 速度と加速度

■ **Q & A（よくある質問とその回答）**

Q：$\dfrac{dx}{dt}$ は分母と分子の d を約分して $\dfrac{x}{t}$ としたらダメですか？

A：dt は d と t のセットで「t の微小変化分」という意味なので，d と t で区切れません．だから $\dfrac{x}{t}$ としてはいけません．

　　また，微分の式は次のように考えることができます．

① x という量を

$$\frac{dx}{dt} = \boxed{\frac{d}{dt}}\,\boxed{x} = \lim_{\Delta t \to 0} \frac{x(t + \Delta t) - x(t)}{\Delta t}$$

② t で微分するの意味　　　③ 具体的にはこれを計算する

このようにみなすと，$\dfrac{d}{dt}$ は「t で微分する」という操作を表すひとまとまりの記号と読みとれます（これを**演算子**といいます）．この意味でも $\dfrac{x}{t}$ としてはいけません． ■

　　ちなみに，2階時間微分の意味は次のとおりです．

① $\dfrac{dx}{dt}$ という量を　　　　$t + \Delta t$ のときの $\dfrac{dx}{dt}$　　　t のときの $\dfrac{dx}{dt}$

$$\frac{d^2x}{dt^2} = \boxed{\frac{d}{dt}}\,\boxed{\left(\frac{dx}{dt}\right)} = \lim_{\Delta t \to 0} \frac{\dfrac{dx}{dt}(t + \Delta t) - \dfrac{dx}{dt}(t)}{\Delta t}$$

② t で微分するの意味　　　　　③ 具体的にはこれを計算する

　　なお，この「2階時間微分」では言葉として長いので，本書では以降，「2階微分」とよぶことにします．

［例題 1.5］

　　次の計算をしなさい．

(1)　$\dfrac{d^2}{dt^2}(4t^2 + 5)$　　　(2)　$\dfrac{d^2}{dt^2}(3t^2 + t + 7)$

［解］

2階微分の定義

(1)　$\dfrac{d^2}{dt^2}(4t^2 + 5) = \dfrac{d}{dt}\left\{\dfrac{d}{dt}(4t^2 + 5)\right\} = \dfrac{d}{dt}\left\{\dfrac{d}{dt}(4t^2) + \dfrac{d}{dt}(5)\right\} = \dfrac{d}{dt}(8t + 0)$

$= \dfrac{d}{dt}(8t) = 8$

$\dfrac{d}{dt}(x + y) = \dfrac{dx}{dt} + \dfrac{dy}{dt}$　　　$\dfrac{d}{dt}(At^2) = 2At$ と $\dfrac{d}{dt}(A) = 0$

$\dfrac{d}{dt}(At) = A$

2階微分の定義　　　$\dfrac{d}{dt}(x + y) = \dfrac{dx}{dt} + \dfrac{dy}{dt}$

(2)　$\dfrac{d^2}{dt^2}(3t^2 + t + 7) = \dfrac{d}{dt}\left\{\dfrac{d}{dt}(3t^2 + t + 7)\right\} = \dfrac{d}{dt}\left\{\dfrac{d}{dt}(3t^2) + \dfrac{d}{dt}(t) + \dfrac{d}{dt}(7)\right\}$

$= \dfrac{d}{dt}(6t + 1 + 0) = \dfrac{d}{dt}(6t + 1) = \dfrac{d}{dt}(6t) + \dfrac{d}{dt}(1) = 6$

$\dfrac{d}{dt}(At^2) = 2At$ と $\dfrac{d}{dt}(At) = A$ と $\dfrac{d}{dt}(A) = 0$　　　$\dfrac{d}{dt}(x + y) = \dfrac{dx}{dt} + \dfrac{dy}{dt}$　　　$\dfrac{d}{dt}(At) = A$ と $\dfrac{d}{dt}(A) = 0$

■ **Q & A（よくある質問とその回答）**

Q：$\dfrac{d^2x}{dt^2}$ と $\left(\dfrac{dx}{dt}\right)^2$ は同じものですか？

A：$\dfrac{d^2x}{dt^2} = \dfrac{d}{dt}\left(\dfrac{dx}{dt}\right)$ は x を 2 階微分したもので，$\left(\dfrac{dx}{dt}\right)^2 = \dfrac{dx}{dt} \times \dfrac{dx}{dt}$ は $\dfrac{dx}{dt}$ という 1 階微分を 2 乗したものなので，違うものです．

たとえば $x = t^2$ という関数を例にとると，$\dfrac{d^2x}{dt^2}$, $\left(\dfrac{dx}{dt}\right)^2$ はそれぞれ $\dfrac{dx}{dt} = \dfrac{d}{dt}(t^2) = 2t$ を用いて，

$$\frac{d^2x}{dt^2} = \frac{d}{dx}\left(\frac{dx}{dt}\right) = \frac{d}{dt}(2t) = 2$$

$$\left(\frac{dx}{dt}\right)^2 = \frac{dx}{dt} \times \frac{dx}{dt} = (2t) \times (2t) = (2t)^2 = 4t^2$$

となり，たしかに違うものだと確認できますね． ■

コラム（グラフによる微分の解釈）

縦軸を x，横軸を t にとったグラフ（x-t グラフという）を考えるとき，$\dfrac{x(t+\Delta t) - x(t)}{\Delta t}$ を求めることは，図のように <u>2 点を通る直線の傾き</u> を求めることと同じになります．

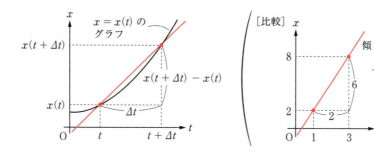

そして，微分して導関数

$$\lim_{\Delta t \to 0} \frac{x(t+\Delta t) - x(t)}{\Delta t}$$

を求めることは，図のように Δt を限りなくゼロに近づけていくことに対応しますので，<u>グラフの接線の傾き</u> を求めることに対応しています．

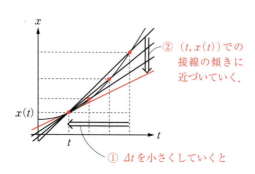

微分する ＝ 接線の傾きを求める

1-9 積分（不定積分）

積分（正確には**不定積分**）とは，微分の逆の計算のことです．つまり，微分をしたら関数 $x(t)$ になるような関数を求めることを「**$x(t)$ の積分をする**」といい，

$$\int x(t)\,dt$$

のように表します．なお，この $\int x(t)\,dt$ も t の関数であり，**原始関数**ともいいます．

ここに，積分の性質と，本書の前半の第 1〜4 章で用いる原始関数をまとめておきます．

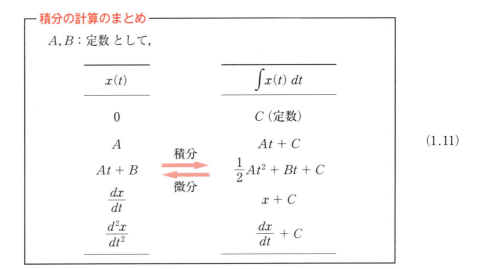

● 物理でよく使う用語の解説

積分定数

たとえば「微分したら A になるもの」は，At でも，$At+3$ でも，$At+4$ でも構いません．つまり，最後の定数はどんな値でも OK です．これを一般化して表しているのが，この C という**積分定数**とよばれる任意定数です．なお，任意定数というのは，「定数ではあるが，どんな値でもよい」という意味です．

[例題 1.6]

次の計算をしなさい．ただし，x は t の関数とし，積分定数は C としなさい．

(1) $\int 7\,dt$　(2) $\int 3t\,dt$　(3) $\int (8t+5)\,dt$

[解]

(1) $\displaystyle \int 7\,dt = 7t + C$

$\boxed{\displaystyle \int A\,dt = At + C}$

(2) $\displaystyle \int 3t\,dt = \frac{3}{2}t^2 + C$

$\boxed{\displaystyle \int (At + B)\,dt = \frac{1}{2}At^2 + Bt + C\ \text{で}\ B = 0}$

(3) $\displaystyle \int (8t + 5)\,dt = 4t^2 + 5t + C$

$\boxed{\displaystyle \int (At + B)\,dt = \frac{1}{2}At^2 + Bt + C}$

● **物理でよく使う用語の解説**

線形性

「微分する」,「積分する」という計算のうち,それぞれ

$$\text{微分：① } \frac{d}{dt}(Ax) = A\frac{dx}{dt} \qquad \text{② } \frac{d}{dt}(x + y) = \frac{dx}{dt} + \frac{dy}{dt}$$

$$\text{積分：① } \int Ax\,dt = A\int x\,dt \qquad \text{② } \int (x + y)\,dt = \int x\,dt + \int y\,dt$$

は,特に大事です.①は「定数を前にだせる」という意味で,②は「たし算をばらせる」という意味です.これらは決してあたりまえのものではありません.

たとえば,「絶対値をとる」という計算は

$$\text{① } |Ax| = A|x| \qquad\quad \text{② } |x + y| = |x| + |y|$$

とはなりません.①は A が負なら $|Ax| = -A|x|$ となり,②は x と y の符号が逆なら成立しません.たとえば,$x = 5$,$y = -2$ なら $|5 + (-3)| \neq |5| + |-3|$ となってしまいます.

同様に,「2乗をする」という計算も

$$\text{① } (Ax)^2 = Ax^2 \qquad\quad \text{② } (x + y)^2 = x^2 + y^2$$

とはなりません.$(Ax)^2 = A^2x^2$ となり,$(x + y)^2 = x^2 + y^2 + 2xy$ となってしまいます.

また同様に,「ルートをとる」という計算も

$$\text{① } \sqrt{Ax} = A\sqrt{x} \qquad\quad \text{② } \sqrt{x + y} = \sqrt{x} + \sqrt{y}$$

とはなりません.①は $\sqrt{Ax} = \sqrt{A}\sqrt{x}$ となり,②はたとえば $x = 3$,$y = 1$ なら $\sqrt{3 + 1} \neq \sqrt{3} + \sqrt{1}$ となってしまいます.

こうして考えると,上で述べた①,②は特殊な性質であることがわかります.この①,②を満たすことを**線形性をもつ**といいます.

ちなみに,代数という分野で線形性を満たすものの一般的な性質を学ぶのが,理工系の大学1年生が学ぶ線形代数です.

章 末 問 題

[1.1]
時間を Δt，その間の物体の変位を Δx で表すとき，次の平均の速度 $\bar{v}$ を求めなさい．

(1) $\Delta t = 30\,\mathrm{s}$ で $\Delta x = 90\,\mathrm{m}$ の場合 (2) $\Delta t = 2.5\,\mathrm{s}$ で $\Delta x = 50\,\mathrm{m}$ の場合

(3) $\Delta t = 4.0\,\mathrm{s}$ で $\Delta x = -60\,\mathrm{m}$ の場合

[1.2]
次の問いに答えなさい．

(1) $36\,\mathrm{km/h}$（すなわち，時速 $36\,\mathrm{km}$）は，何 m/s でしょうか．

(2) $25\,\mathrm{m/s}$（すなわち，秒速 $25\,\mathrm{m}$）は，何 km/h でしょうか．

(3) $165\,\mathrm{km/h}$（すなわち，時速 $165\,\mathrm{km}$）は，何 m/s でしょうか（有効数字 3 桁で表しなさい）．

[1.3]
時間を Δt，その間の物体の速度の変化を Δv で表すとき，次の平均の加速度 $\bar{a}$ を求めなさい．

(1) $\Delta t = 10\,\mathrm{s}$ で $\Delta v = 90\,\mathrm{m/s}$ の場合 (2) $\Delta t = 25\,\mathrm{s}$ で $\Delta v = 75\,\mathrm{m/s}$ の場合

(3) $\Delta t = 40\,\mathrm{s}$ で $\Delta v = -60\,\mathrm{m/s}$ の場合

[1.4]
次の計算をしなさい．

(1) $\dfrac{d}{dt}(4)$ (2) $\dfrac{d}{dt}(-5t)$ (3) $\dfrac{d}{dt}(3t^2)$ (4) $\dfrac{d}{dt}(9t - 8)$

[1.5]
次の計算をしなさい．

(1) $\dfrac{d^2}{dt^2}(2t^2 - 9t)$ (2) $\dfrac{d^2}{dt^2}(4t^2 + t + 3)$

[1.6]
次の計算をしなさい．ただし，積分定数は C としなさい．

(1) $\displaystyle\int 9\,dt$ (2) $\displaystyle\int (-2t)\,dt$ (3) $\displaystyle\int (7t - 5)\,dt$

2 物体が受ける力

　本章では，力とは何か，そして，物体が受ける力とその分類，図示の仕方について学びます．「力学は，力の図示がきちんとできれば，その大半は終わり」とよくいわれますが，それをはじめから丁寧に学んでいきましょう．

2-1 物体が受ける力とその分類

　力とは，物体を変形したり，運動状態の変化の原因となるものです．物体の運動状態が変化するとき，物体は力を受けています．単位は一般にN（ニュートン）で表され，図示の仕方は次のとおりです．

物体が受ける力の図示の仕方
矢印の根元が力を受ける対象を表し，これを**作用点**という．
また，力を受ける方向を**作用線**という．

よくあるミス！（間違った図示の仕方）
この描き方だと，矢印の根元が物体にないためNG．
物体が受ける力ではなく，空気が受ける力になってしまう．

　物体が受ける力は，次のように分類できます．

物体が受ける力の分類
[1] 重力，電磁気力
[2] 接触力
[3] 慣性力

　このうち，**電磁気力**とは電気や磁気による力で，**慣性力**とは加速度運動をしている観測者の立場（座標系）から見たときにのみ発生する力です．これらの力については，本書では扱いません．本書で扱うのは**重力**と，物体が接触している（さわっている）ものから受ける**接触力**という力です．

力の図示の仕方は次のステップにまとめることができます．

- **力の図示の流れ**
  - ① 注目する（＝力を図示する）物体を決める．
  - ② 重力を描く．
  - ③ 接触している他の物体を探す．
  - ④ 接触している他の物体から受ける接触力を描く．

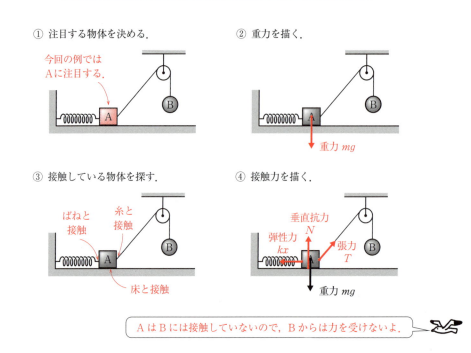

AはBには接触していないので，Bからは力を受けないよ．

以下で，具体的な力の描き方について1つずつ学んでいきましょう．

2-2 重 力

物体が受ける重力の大きさは，その質量に比例します．質量 m [kg] の物体は，大きさが mg [N] の重力を受けます*．この比例定数 $g = 9.8 \text{ m/s}^2$ を**重力加速度の大きさ**といいます．

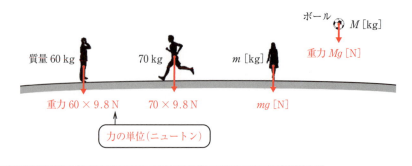

---

* 本書では，本文において m [kg] のように表すときは，質量 m という物理量の単位が kg であることを意味するとします．

[例題 2.1]

重力加速度の大きさを $9.8\,\mathrm{m/s^2}$ として，質量 $5.0\,\mathrm{kg}$ の物体 A，質量 $8.0\,\mathrm{kg}$ の物体 B にはたらく重力の大きさをそれぞれ求めなさい．

[解]

物体 A にはたらく重力の大きさ：$5.0 \times 9.8 = 49\,\mathrm{N}$

物体 B にはたらく重力の大きさ：$8.0 \times 9.8 = 78.4 \fallingdotseq 78\,\mathrm{N}$

重力は，物体の運動状態によらず，上に飛んでいようが下に飛んでいようが，斜面に静止していようが運動中だろうが，向きは常に下向きになり，その大きさは (質量) × (重力加速度の大きさ) となります*．

―― 重力 ――――――――――――――
質量 m の物体が受ける重力は
　　向き：下向き
　　大きさ：mg　（g：重力加速度の大きさ）
―――――――――――――――――――

👉 アドバイス

重力がはたらく作用点は，一様な球や直方体なら真ん中（重心とよばれる点）に描くのがベストですが，（物体の変形や回転を考えていないのであれば）見やすさのために少しずらして描いても OK です．

● 物理でよく使う用語の解説

水平方向と鉛直方向

水が平らになる方向を<u>水平方向</u>，水平方向に対して垂直な方向を<u>鉛直方向</u>といいます．重力の向きをより正確にいうならば，「鉛直方向で下向き」となります．また，これを略して「鉛直下向き」ともいいます．●

次の例題で，重力の図示の仕方について考えてみましょう．

[例題 2.2]

重力加速度の大きさを g として，次の(1)〜(3)の運動状態にある質量 m の物体 A，質量 $3m$ の物体 B，質量 M の物体 C にはたらく重力を図示しなさい．

(1) 投射されて落下しているとき　　(2) 投射されて上昇しているとき　　(3) 斜面を上昇しているとき

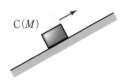

---

* たとえば [例題 2.1] の物体 A にはたらく重力の大きさは，正確には $5.0\,\mathrm{kg} \times 9.8\,\mathrm{m/s^2} = 49\,\mathrm{N}$ のように書くべきですが，本書では，表記を簡潔にするため，途中計算においては単位を省略して数値のみを表すことがあります．

[解]

図のようになります.

(1) 投射されて落下しているとき　(2) 投射されて上昇しているとき　(3) 斜面を上昇しているとき

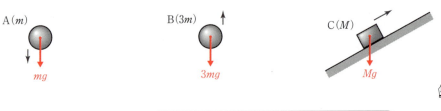

どんな運動状態でも，重力の向きは常に下向き．

―――― **コラム（月の重力が地球の約 1/6 になることの意味）** ――――

「月の重力は地球の約 1/6 になる」とよくいわれますが，質量 m は地球でも月でも変化しません．たとえば，質量 60 kg の人は月に行っても 60 kg のままです．変化するのは，重力加速度（比例定数）g です．実際，月の重力加速度の大きさを g' と表すと，$g' \fallingdotseq 1.6 \, \mathrm{m/s^2}$ となります．これは確かに，地球の重力加速度の大きさ $g = 9.8 \, \mathrm{m/s^2}$ の約 1/6 になっています．

● 物理でよく使う用語の解説

万有引力

質量をもった物体同士が互いに引きあう力を **万有引力** といいます．この大きさ F [N] を式で表すと，**万有引力定数** とよばれる $G \fallingdotseq 6.67 \times 10^{-11} \, \mathrm{N \cdot m^2/kg^2}$ という正の定数を用いて，

$$F = G\frac{Mm}{r^2}$$

M [kg]：物体 1 の質量，　　m [kg]：物体 2 の質量
r [m]：物体 1 と物体 2 の間の距離

となります．なお，物体が地球から受ける万有引力が，（地球における）重力の正体です．

質点と質点系

質量はあるが，点とみなせるほどに小さいため，力を受けても変形や回転しない物体のことを **質点** といいます．本書で「粒子」というときは，質点の意味で用いています．また，複数の質点に注目するとき，それらをまとめて **質点系** といいます．

2-3 接触力

次に，接触力について述べます．接触力は，注目している物体が，それに接触している別の物体から受ける力のことを表します．たとえば，物体が糸に接触すれば（つながって引っ張られれば）張力を受けますし，床面に接触すれば垂直抗力や摩擦力を受けます．また，ばねに接触すれば弾性力，空気中や水中を動けば（接触すれば）抵抗力を受けます．

このように，接触している相手の物体によって様々な力が生じます．このうち，本書では，張力，垂直抗力，摩擦力，弾性力，抵抗力について詳しく述べます．

> ─ 接触力の例 ─
> 張力，垂直抗力，摩擦力，弾性力，抵抗力，…

2-4 張 力

張力は，物体が糸に接触している（引っ張られている）ことにより糸から受ける力で，力の向きは糸から引っ張られる向きです．大きさは原則未知数であり，いったん T や S といった文字でおき，（第3章で述べる）運動の法則等によって後から求めることが一般的です．

物体が受ける張力の向きは，糸から引っ張られる向き．

[例題 2.3]

次の (1), (2) の運動状態にある物体 A, B にはたらく張力 T を図示しなさい．

(1) 糸にぶら下がって静止しているとき　　(2) 糸に引っ張られて斜面を上昇しているとき

 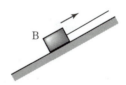

[指針] 物体が受ける力であるため，矢印の根元は物体にするべきです．さらにいうと，物体が糸から受ける力であるため，物体と糸との接触点が矢印の根元になるようにします．

[解]

(1) 糸にぶら下がって静止しているとき　　(2) 糸に引っ張られて斜面を上昇しているとき

 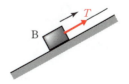

> ─ よくあるミス！（間違った図示の仕方）─
> この描き方だと，物体 A が糸に及ぼす力になってしまいます．
> （または，糸が物体 A から受ける力になってしまいます．）
> 物体 A が受ける力を描かなくてはいけません．
>

2-5 垂直抗力

垂直抗力は，物体が床面や斜面といった，面に接触していることにより面から垂直に受ける力であり，その向きは，面から反発する向き（面に垂直で遠ざかる向き）です．大きさは原則未知数であり，いったん N や R といった文字でおき，（第3章で述べる）運動の法則等によって後から求めることが一般的です．

物体が受ける垂直抗力の向きは，面から反発する向き．

[例題 2.4]

次の(1)～(3)の運動状態にある物体 A，B，C にはたらく垂直抗力 N を図示しなさい．

(1) 床に静止しているとき　(2) 斜面を上昇しているとき　(3) 斜面を下降しているとき

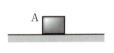 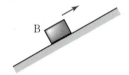 

[指針] 垂直抗力は物体が面から受ける力であるため，物体と面との接触点が矢印の根元になるようにします．

[解]
(1) 床に静止しているとき　(2) 斜面を上昇しているとき　(3) 斜面を下降しているとき

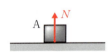 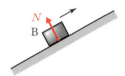 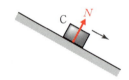

～よくあるミス！（間違った図示の仕方）～

この描き方だと，床が受ける力になってしまいます．
矢印の根元を物体 A から始めるように描きましょう．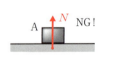

━━━ コラム（垂直抗力の正体） ━━━

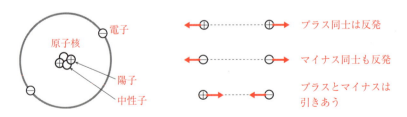

すべての物質は原子からできていて，原子は，中心にある原子核とそのまわりを回るいくつかの電子からできています．そして，電子はマイナスの電気をもち，原子核はプラスの電気をもつ陽子と，電気的に中性な中性子からできています．

電気をもった粒子は，プラス同士，マイナス同士は反発し，プラスとマイナスは引きあう向きに力を受けます（電磁気力の例）．

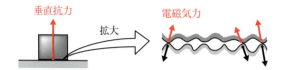

さて，台の上に物体があるとき，物体は台から垂直抗力を受けますが，この正体について考えてみましょう．物体も台も原子からできており，原子核のまわりを電子が回っています．平らに見える物体や台も，その表面は拡大するとデコボコしています．そして，2つの物体の出っぱったところにある電子同士が近づきすぎると，マイナス同士の電磁気力で反発し，これらの力をたしあわせた面に垂直な成分が，垂直抗力となります．つまり，垂直抗力の正体は電磁気力です．

いま学んでいる力学では，原子の位置を確認したりはしません．そのため，この電磁気力の力をたしあわせた面に垂直な成分である垂直抗力は式で表せず，未知数となって，第3章以降で学ぶ運動方程式といった運動の法則によって後から求めるべき力になります．

2-6 摩 擦 力

摩擦力は，物体があらい床面や斜面といった面に接触していることにより，面から平行に受ける力です．摩擦力は一般に f という文字を用いて表し，次のように分類されます．

摩擦力 f の分類

（ⅰ）接触面に対して静止している場合
　　　静止摩擦力 f（未知数）（運動の法則等により求める．）
（ⅱ）接触面に対して静止限界（物体が動き出す直前）の場合
　　　最大摩擦力 μN （μ：静止摩擦係数，N：垂直抗力）
（ⅲ）接触面に対して動いている場合
　　　動摩擦力 $\mu' N$ （μ'：動摩擦係数，N：垂直抗力）

物体にはたらく摩擦力の向きは，物体が動いている場合は速度の向きと逆向きになります．静止限界の場合は，物体が動き出そうとする向きと逆向きになります．物体が静止している場合は，摩擦力は向きも含めて未知数であり，運動の法則等により後から求めるべきものになります．

摩擦力は，3つに分類できるよ．

● 物理でよく使う用語の解説

抗力

垂直抗力も摩擦力もともに面から受ける力であり，この2つの力をあわせたものを**抗力**といいます．
面から反発する向きに受ける力としてまず抗力があり，この抗力の面に垂直な成分を垂直抗力，面に平行な成分を摩擦力といいます．

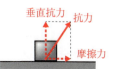

22   2．物体が受ける力

━━━━━━━━━━━━ コラム（力の分類）━━━━━━━━━━━━

現在では，力は次の 4 つに分類されています．

　　　重力（万有引力）　　電磁気力　　強い相互作用　　弱い相互作用

　本書で扱う接触力は，さきほどの垂直抗力のコラムで述べたことと同様に，もとをたどればすべて電磁気力で説明できます．

　なお，電磁気力と弱い相互作用は，すでに統一的に理解されています．さらに，強い相互作用までも含めて統一的に理解する試みがなされており，それを**大統一理論**といいます．しかし，重力（万有引力）までも含んで統一的に理解できる理論は，いまだに完成していません．その理由の一つとして，重力が桁違いに小さいことが挙げられます．

2-7 弾性力

　弾性力は，物体がばねに接触していることによってばねから受ける力です．その向きはばねが自然長（すなわち，自然な長さ）に戻ろうとする向きで，大きさは**ばね定数** k とばねの伸び（または縮み）x をかけた，kx で表されるものとなります．

> 物体が受ける弾性力の向きは，ばねが自然長へと戻ろうとする向き．

［例題 2.5］

　次の (1), (2) の運動状態にある物体 A, B にはたらく弾性力を図示しなさい．ただし，ばね定数を k とします．

(1) 床を右向きに移動しているとき　　(2) ばねの縮みが x で静止しているとき

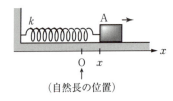 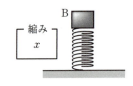

［指針］ 弾性力は物体がばねから受ける力であるため，物体とばねとの接触点が矢印の根元になるようにします．

［解］

(1) 床を右向きに移動しているとき　　(2) ばねの縮みが x で静止しているとき

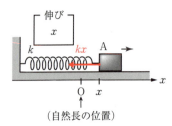 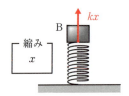

~よくあるミス！（間違った図示の仕方）~

この描き方だと，物体Aがばねに及ぼす力になってしまいます．物体Aがばねから受ける力を描かなくてはいけません．

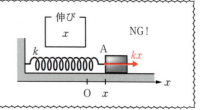

ばね定数 k が大きくなると，ばねの弾性力の大きさ kx も大きくなります．このことから，ばね定数 k は，ばねの硬(かた)さを表すものと考えることができます．

2-8 抵 抗 力

抵抗力は，物体が水中や空気中を動いていることにより，水や空気から受ける力です．その向きは物体の速度とは逆向きで，大きさは物体の速さ v に比例します．本書では，比例定数を γ（ガンマと読む），抵抗力の大きさを γv $(\gamma > 0)$ で表します．

[例題 2.6]
　すべて速さ v で次の (1)～(3) の運動状態にある，質量 m の物体 A，質量 $3m$ の物体 B，質量 M の物体 C にはたらく抵抗力を図示しなさい．ただし，抵抗力の大きさは速さに比例するとして，その比例係数を γ とします．

(1) 投射されて落下しているとき　　(2) 投射されて上昇しているとき　　(3) 床を右向きに移動しているとき

  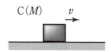

[指針]　抵抗力は物体の速度の向きと常に逆向きになります．
[解]

(1) 投射されて落下しているとき　　(2) 投射されて上昇しているとき　　(3) 床を右向きに移動しているとき

  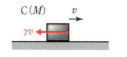

比例定数 γ が大きくなると，抵抗力の大きさ γv も大きくなります．このことから，比例定数 γ は，空気や水の粘(ねば)り気(け)を表すものと考えることができます．

✏️ **コメント**　ここで述べた速さに比例する抵抗力には，物体の速さが小さい場合という前提があり，**粘性抵抗**(ねんせい)ともよばれます．物体の速さが大きくなると，**慣性抵抗**とよばれる，速さの2乗に比例する抵抗力が主になります．

24　2. 物体が受ける力

2-9 力の分解

　図のように，水平方向と角度 θ をなす向きに大きさ F の力が物体にはたらくとき，物体には，右向きに大きさ $F\cos\theta$ と上向きに $F\sin\theta$ という2つの力がはたらいていると言いかえができます．これを**力の分解**といいます．

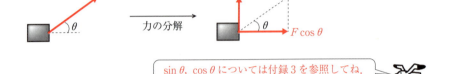

力の分解は次のように図示します．

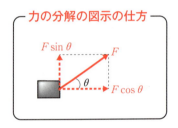

● 物理でよく使う用語の解説

力の合成

　複数の力を1つの力にまとめることを**力の合成**といいます．当然ながら，力の分解で分けた2つの力を合成すると，もとの1つの力に戻ります．

[例題 2.7]

　(1)において，小物体の受ける大きさ F_0 の外力（人の力）が水平方向と 30° の角度をなすとき，この F_0 を水平方向と鉛直方向とに分解しなさい．また，(2)において，傾斜角 θ の斜面上にある物体が受ける重力 mg を，斜面に平行な方向と垂直な方向とに分解しなさい．

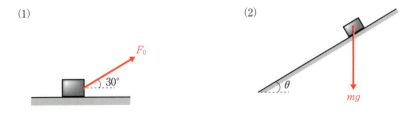

[解]

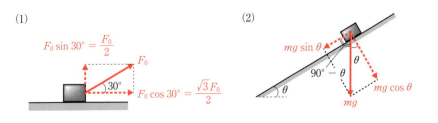

~~~ よくあるミス！（間違った力の分解の仕方） ~~~

よくある間違いとして，重力を分解するときに，水平面まで矢印を伸ばしてしまうというのがあります．しかし，これだと，分解した力を再び合成し直すと，元々の重力に一致しないからダメです．

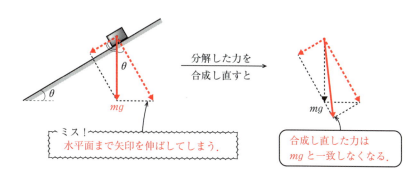

アドバイス

力の分解は，元々の力が長方形の対角線になるように行いましょう．

> 力の分解は長方形を意識．

2-10 作用・反作用の法則

力は，以下に述べる**作用・反作用の法則**を満たします．これはどんな物体がどんな運動状態であろうと，力を及ぼしあう2つの物体の間に常に成り立つ法則です．

> **作用・反作用の法則（力学の基本法則の1つ）**
> 物体1が物体2から受ける力と，物体2が物体1から受ける力は，常に逆向きで同じ大きさになる．

また，作用・反作用の法則は力学の学問の根底をなす法則で，**力学の基本法則**の1つです．

> 基本法則とは何かは 2-11 節を参照してね．

図のように，糸が物体Aから受ける力が，物体Aが糸から受ける力と逆向きで同じ大きさになるのは，この作用・反作用の法則があるからです．

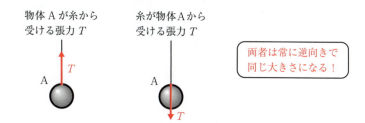

■ **Q & A（よくある質問とその回答）**

Q：上向きと下向きの2つの張力は，互いに打ち消しあわないのですか？

A：上向きの力は物体Aが受ける力で，下向きの力は糸が受ける力．それぞれ別々の物体が受ける力なので，打ち消しあうことはないですよ．

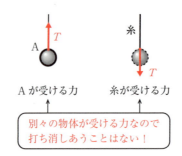

~ **よくあるミス！（作用・反作用の法則とよく間違える例）** ~

床の上で物体AとBを糸でつなぎ，張ります．このとき，物体Aが糸から受ける張力と，物体Bが糸から受ける張力は互いに逆向きで同じ大きさになりますが，これは作用・反作用の法則によるものではありません．なぜなら，作用・反作用の法則はあくまで2つの物体の間での法則だからです．作用・反作用の関係にあるのは，「Aが糸から受ける力」と「糸がAから受ける力」です（図のT_1が対応）．また，「Bが糸から受ける力」と「糸がBから受ける力」も，同じく作用・反作用の関係にあります（図のT_2が対応）．

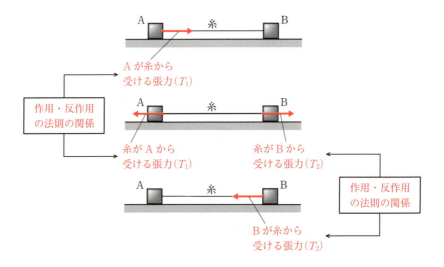

ちなみに，この物体Aが糸から受ける張力T_1と，物体Bが糸から受ける張力T_2が同じになる理由は3-4節で学びます．

2-11 基本法則

物理では,「この法則だけは,なぜ成り立つかは問わない.成り立つとして認める.」という,議論の出発点となるごく少数の法則が存在します.この法則を**基本法則**といいます.

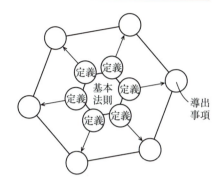

この基本法則さえ認めてしまえば,「この言葉はこういう意味に決める.」という言葉の**定義**だけから,非常に様々なものを導くことができます.そして物理は,その導出事項が互いに補いあっていて,しかも現実の実験結果をうまく説明できるという体系をしています.

👉 **アドバイス**

学んでいる関係式を,「とにかく覚えてあてはめるもの」として暗記するのではなく,それが基本法則なのか,定義なのか,それとも導出事項なのかを意識しながら勉強しましょう.

体系性を意識して勉強しよう.

コラム（数学との比較）

物理の学問体系は,数学の学問体系に似ています.基本法則に対応するものを数学では**公理**といいます.数学では公理を認めて,**定義**から様々な**定理**を導出します.

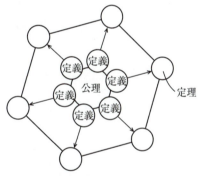

数学では,たとえば2つの平行線は無限遠方までいっても交わらないということを公理においても,あるいは,無限遠方までいったら交わるということを公理においても理論体系をつくることができます.そして,そのどちらかが理論としてより優れているということはありません.2つの別個の理論体系があるというだけです.

これに対して,物理では,2つの異なる体系があったときに,その理論の優劣が存在します.現実の実験結果をよりうまく説明できるものが,物理としてはより優れているとして採用されます.

物理は実験結果をよりうまく説明できるようにと進歩をし続けている学問なんだね.

章 末 問 題

[2.1]
重力加速度の大きさを $9.8\,\mathrm{m/s^2}$ として，質量 $4.0\,\mathrm{kg}$ の物体 A，質量 $7.0\,\mathrm{kg}$ の物体 B にはたらく重力の大きさをそれぞれ求めなさい．

[2.2]
重力加速度の大きさを g として，次の (1), (2) のような運動状態にある質量 m の物体 A，質量 $3m$ の物体 B にはたらく重力を図示しなさい．

(1) 斜面を下降しているとき　　(2) 投射されて右上に上昇しているとき

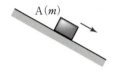

[2.3]
次の (1), (2) のような運動状態にある物体 A，B にはたらく張力 T を図示しなさい．

(1) 糸に引っ張られて床を移動しているとき　　(2) 糸で円運動しているとき

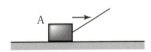

[2.4]
次の (1), (2) のような運動状態にある物体 A，B にはたらく垂直抗力 N を図示しなさい．

(1) 糸に引っ張られて床の上を移動しているとき　　(2) 円弧上の斜面を下降しているとき

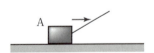
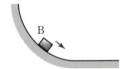

[2.5]
次の (1), (2) のような運動状態にある物体 A，B にはたらく弾性力を図示しなさい．ただし，ばね定数を k とします．

(1) ばねの伸びが x で静止しているとき　　(2) 床を右向きに移動しているとき

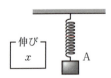
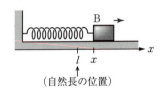

[2.6]
　ともに速さ v で次の (1), (2) のような運動状態にある，質量 m の物体 A, 質量 M の物体 B にはたらく抵抗力を図示しなさい．ただし，抵抗力の大きさは速さに比例するとして，その比例係数を γ とします．

　　　(1) 糸に引っ張られて上昇しているとき　　(2) 糸に引っ張られて斜面を上昇しているとき

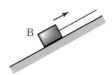

[2.7]
　(1)において，小物体の受ける大きさ F_0 の外力（人の力）が水平方向と 45°の角度をなすとき，この F_0 を水平方向と鉛直方向とに分解しなさい．また，(2)において，傾斜角 θ の斜面上にある物体が受ける重力 mg を，斜面に平行な方向と垂直な方向とに分解しなさい．

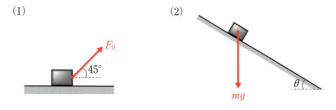

3 運動方程式の立式

　第1章で述べた加速度と第2章で述べた力をつなぐ法則が**運動方程式**です．運動方程式は力学の基本法則の1つであり，力が原因で加速度が決まるという因果律（原因と結果の関係）を表します．第3章では，この運動方程式のつくり方について学びましょう．なお，運動方程式をつくることを「運動方程式を立式する」とか「運動方程式を立てる」ともいいます．

3-1 運動方程式の立式

　運動方程式は「質量 m の物体が力 F を受けると，加速度 a をもつ」ということを述べている法則で，次の式で与えられます．

$$\boxed{\begin{array}{c}\text{運動方程式}\\[2pt] \underset{\text{質量}}{m}\ \underset{\text{加速度}}{a}\ =\ \underset{\substack{\text{加速度と同じ向きを}+，\text{逆向きを}-\text{として}\\ \text{符号をつけた力の合計（＝合力）}}}{F}\end{array}} \quad (3.1)$$

　物体が加速度をもつということは，速度が変わるということです．そして，物体が受ける力が大きいほど，加速度が大きくなり，速度が大きく変わります．このことから，運動方程式は次のように解釈することができます．

$$\boxed{\text{物体は力を受けると，速度が変わる．}}$$

　また，運動方程式によると，物体が受ける力 F がゼロならば，加速度 a もゼロになり，速度が変わりません．つまり，止まっているものは止まり続け，動いていたものはその速度を保ったまま動き続けることになります．

　✎ **コメント**　スペースシャトルの中で，物体がスーッと等速直線運動する映像を見たことはないでしょうか？　あれは無重力状態の船内で，物体が何も力を受けていないために起こっている現象です．力を受けないから，一定の速度で動き続けます．

また，物体が受ける力が一定の場合，質量が大きい物体であるほど加速度は小さくなり，速度が変わりにくくなります．このことから，質量は「速度の変わりにくさ」を表す量だと考えることもできます．

$$m\ a\ =\ F$$

① 力が一定の場合

② 質量が大きい
物体の方が

③ 加速度が小さくなる．
　→ 速度が変わりにくくなる．

なお，1-7節で述べたように，加速度 a は位置 x の2階微分 $a = \dfrac{d^2x}{dt^2}$ と表せることから，運動方程式は次のような書きかえができます．

運動方程式の書きかえ

$$m\ \frac{d^2x}{dt^2}\ =\ F \tag{3.2}$$

質量　位置 x の　　加速度と同じ向きを＋，逆向きを－として
　　　 2階微分　　 符号をつけた力の合計（＝合力）

これについては第4～6章で詳しく学びます．

🚩 **発展　運動方程式のより正確な表現**

運動方程式は，第7章で学ぶ運動量 $\vec{p} = m\vec{v}$ を用いて，

$$\frac{d\vec{p}}{dt} = \vec{F} \tag{3.3}$$

と表すのが最も一般的です．燃料を噴射して質量が減少していくロケットの問題を考える場合や，光速に近い速さで物体が動き，相対性理論の効果によって質量が変化する場合にも，これを用います．なお，(3.3) を x, y, z の3成分で表すと，

$$\frac{dp_x}{dt} = F_x, \qquad \frac{dp_y}{dt} = F_y, \qquad \frac{dp_z}{dt} = F_z \tag{3.4}$$

となります．また，物体の質量 m が変化しない場合は，$p_x = mv_x,\ p_y = mv_y,\ p_z = mv_z$ を (3.4) に代入すると，m を時間微分の前にだすことができて，

$$m\frac{dv_x}{dt} = F_x, \qquad m\frac{dv_y}{dt} = F_y, \qquad m\frac{dv_z}{dt} = F_z$$

と書け，速度の時間微分は加速度を表すことから，加速度の x, y, z 成分 a_x, a_y, a_z を用いて，

$$ma_x = F_x, \qquad ma_y = F_y, \qquad ma_z = F_z$$

と書くこともできます．

🚩

3-2 運動の三法則

力学の基本法則は運動の三法則とよばれます．第二法則は 3-1 節で述べた運動方程式で，第三法則は 2-10 節で述べた作用・反作用の法則です．

運動の三法則（力学の基本法則）

第一法則（慣性の法則）
物体が力を受けないか，あるいは物体が受ける力の合計がゼロになるとき，物体の速度は変化しない．

第二法則（運動方程式）
物体の質量を m，加速度を a，物体が受ける力の合計（＝合力）を F とするとき，次の式が成り立つ．
$$ma = F$$

第三法則（作用・反作用の法則）
物体1が物体2から受ける力と物体2が物体1から受ける力は常に逆向きで，同じ大きさになる．

基本法則とは何かは 2-11 節を参照してね．

······· コラム（運動の第一法則（慣性の法則）の意味について） ·······

運動の第二法則（運動方程式）は，第一法則（慣性の法則）を含んでいるように見えます．実際，運動方程式 $ma = F$ で，$F = 0$ なら $a = 0$ となります．そして $a = 0$ は，物体の速度が変化しないことを意味します．

しかし第一法則は，それとは別の主張をしているとも解釈することができます．それは，力を受けない，あるいは受ける力の合計がゼロになる物体について，その速度が変化しないとみなせる座標系（立場）が存在することを主張しているという解釈です．言い方を変えれば，第一法則は "運動方程式が成り立つ座標系が存在すること" を主張していると解釈できます．

ちなみに，この座標系のことを **慣性系** といいます．

運動方程式の立式の仕方（つくり方）は次のステップにまとめることができます．

運動方程式の立式の流れ
① 注目する（＝運動方程式を立式する）物体を決める．
② 加速度の向きを決める．
③ 力を図示する．
④ （質量）×（加速度）を左辺に書く．
⑤ 加速度と同じ向きの力はそのまま（プラスの符号で）右辺に書く．
⑥ 加速度と逆向きの力はマイナスの符号をつけて右辺に書く．

(**例1**) 糸で引っ張られて上昇中の小球 P（質量 m）についての，運動方程式の立式（空気抵抗は無視）

① 注目する（＝運動方程式を立式する）物体を決める．

注目する物体は，糸で引っ張られて上昇中の小球 P（質量 m）に決める．

② 加速度の向きを決める．

加速度の向きはどちら向きにとってもよいが，物体が動き出す向きにとることが多い．そこで，加速度を上向きに a とおいた．

③ 力を図示する．

まず，重力 mg を描き，次に接触力を描く．いま小球が接触しているのは糸だけなので，張力 T だけ描けばよい（第2章を参照）．

④ （質量）×（加速度）を左辺に書く．

 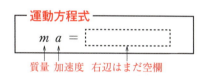

⑤ 加速度と同じ向きの力はそのまま（プラスの符号で）右辺に書く．

⑥ 加速度と逆向きの力はマイナスの符号をつけて右辺に書く．

 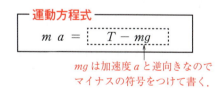

✎ **コメント** ⑥の運動方程式は $ma = T + (-mg)$ と同値変形することもできます．このように書くと，運動方程式の右辺が，(3.2)で述べたように"加速度と同じ向きを ＋，逆向きを － と符号をつけた<u>力の合計</u>"であることが理解しやすくなります．

34　3．運動方程式の立式

(**例2**)　右向きに運動中の物体 Q（質量 M）についての運動方程式の立式（自然長の位置を原点 O とし，空気抵抗 γv ($\gamma > 0$) も考慮）

① 注目する（＝運動方程式を立式する）物体を決める．

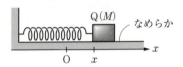

注目する物体は，右向きに運動中の物体 Q（質量 M）に決める．

② 加速度の向きを決める．

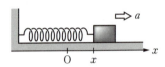

この例のように x 軸が与えてある場合，普通は，それに加速度の向きをあわせる．そこで，加速度を右向きに a とおいた．

③ 力を図示する．

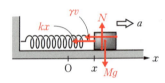

まず重力 Mg を，次に接触力を描く．いま物体が接触しているのは，ばねと床と空気で，それらから受ける力を描く．

④ （質量）×（加速度）を左辺に書く．

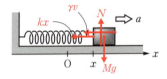
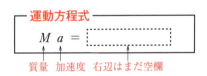

運動方程式
$M\ a\ =$

質量　加速度　右辺はまだ空欄

⑤ 加速度と同じ向きの力はそのまま（プラスの符号で）右辺に書く．

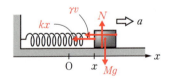
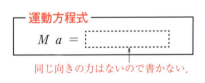

運動方程式
$M\ a\ =$

同じ向きの力はないので書かない．

⑥ 加速度と逆向きの力はマイナスの符号をつけて右辺に書く．

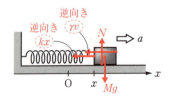
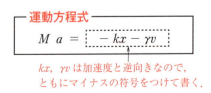

運動方程式
$M\ a\ =\ -kx - \gamma v$

kx, γv は加速度と逆向きなので，ともにマイナスの符号をつけて書く．

(**例3**) 斜面を下降中の物体R（質量3m）についての運動方程式の立式（空気抵抗は無視）

① 注目する（＝運動方程式を立式する）物体を決める．

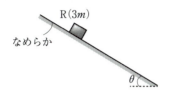

注目する物体を，斜面を下降中の物体R（質量3m）に決める．

② 加速度の向きを決める．

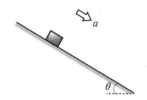

物体Rが動き出す向きの，斜面に平行で下向きに加速度aとおいた．なお，問題文に指定があれば，それにあわせる．

③ 力を図示する．

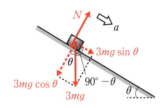

まず重力$3mg$を描き，次に物体が接触している斜面からの垂直抗力Nを描く．また，aの向きにあわせて力を分解する．

④ （質量）×（加速度）を左辺に書く．

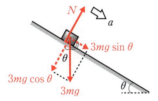

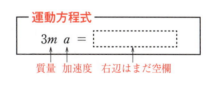

質量　加速度　右辺はまだ空欄

⑤ 加速度と同じ向きの力はそのまま（プラスの符号で）右辺に書く．

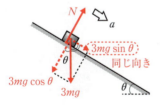

$3mg\sin\theta$は加速度aと同じ向きなので，そのまま（プラスの符号で）右辺に書く．

⑥ 加速度と逆向きの力はマイナスの符号をつけて右辺に書く．

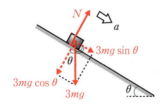

加速度aと逆向きの力はないので，マイナスの符号をつけた力は書かない．

[例題 3.1]

空中に投射された質量 m, $3m$, M の物体 A, B, C が次の (1)〜(3) の運動状態にあるとき，A〜C について力を図示し，運動方程式を立式しなさい．ただし，重力加速度の大きさを g とし，空気抵抗は無視します．

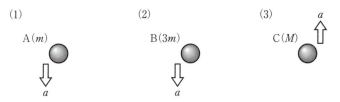

(1)　下降中の物体 A について，加速度 a は下向きを正にとる場合
(2)　下降中の物体 B について，加速度 a は下向きを正にとる場合
(3)　上昇中の物体 C について，加速度 a は上向きを正にとる場合

[指針]

加速度の向きは問題文に与えられているので，それにあわせます．力の図示については，物体 A〜C にはたらく力は重力だけです．この力の図示をもとに，加速度と同じ向きの力はそのまま，逆向きの力はマイナスの符号をつけて運動方程式の右辺を書きます．

[解]

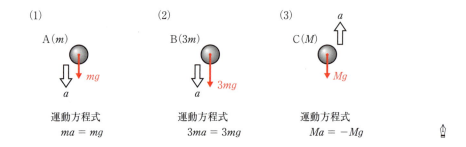

運動方程式
$ma = mg$

運動方程式
$3ma = 3mg$

運動方程式
$Ma = -Mg$

[例題 3.2]

空中に投射された質量 m, $3m$, M の物体 A, B, C が次の (1)〜(3) の運動状態にあるとき，A〜C について力を図示し，運動方程式を立式しなさい．ただし，重力加速度の大きさを g とし，空気による抵抗力の大きさは速さに比例するとして，比例係数を $\gamma\,(>0)$ とします．

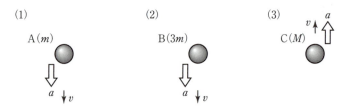

(1)　速度 v で下降中の物体 A について，加速度 a は下向きを正にとる場合
(2)　速度 v で下降中の物体 B について，加速度 a は下向きを正にとる場合
(3)　速度 v で上昇中の物体 C について，加速度 a は上向きを正にとる場合

[指針]

加速度の向きが問題文に与えられているので，それにあわせて運動方程式をつくります．物体A〜Cにはたらく力は，重力と空気による抵抗力です．この力の図示をもとに，加速度と同じ向きの力はそのまま，逆向きの力はマイナスの符号をつけて運動方程式の右辺を書きます．

[解]

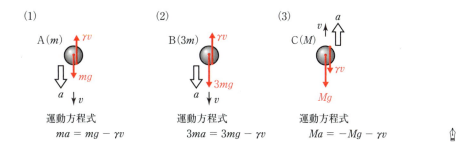

(1) A(m)　運動方程式　$ma = mg - \gamma v$

(2) B(3m)　運動方程式　$3ma = 3mg - \gamma v$

(3) C(M)　運動方程式　$Ma = -Mg - \gamma v$

[例題 3.3]

ばね定数 k のばねにぶら下げられた質量 M の物体が上向きに運動しているとき，重力加速度の大きさを g として，次の問いに答えなさい．ただし，空気抵抗は無視します．

(1) ばねの伸びを l，加速度を a として，物体が受ける力を図示しなさい．
(2) (1)の状態のときの運動方程式を立式しなさい．

[解]

(1) 力の図示は右図のとおり．
(2) 運動方程式

$$Ma = kl - Mg$$

[例題 3.4]

質量 2.0 kg の物体を軽いひもの一端につけ，次のような運動をさせるとき，それぞれ(1)〜(3)の場合のひもが物体を引く張力の大きさ T_1，T_2，T_3 を求めなさい．ただし，重力加速度の大きさは 9.8 m/s², また，ひもは常に張っているものとし，空気抵抗は無視します．

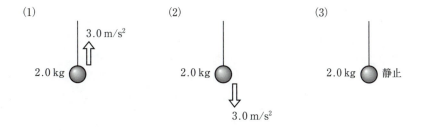

(1) 上向きに 3.0 m/s² の加速度で上昇させている場合
(2) 下向きに 3.0 m/s² の加速度で下降させている場合
(3) 静止させている場合

> この問題では m や g といった文字ではなく，2.0 kg や 9.8 m/s² といった数値と単位を用いているので，解答もそれにあわせよう．

[指針]
(1) 加速度の向きは上向きなので，上向きの張力はそのまま，下向きの重力はマイナスの符号をつけて，運動方程式の右辺を書きましょう．
(2) 加速度の向きは下向きなので，下向きの重力はそのまま，上向きの張力はマイナスの符号をつけて，運動方程式の右辺を書きましょう．
(3) 静止しているということは速度がゼロのまま一定値をとるということなので，速度の変化を表す加速度はゼロとなります．その結果，運動方程式の左辺はゼロとなります．

[解]
(1) 運動方程式は
$$2.0 \times 3.0 = T_1 - 2.0 \times 9.8$$
よって，
$$T_1 = 19.6 + 6.0 = 25.6 \fallingdotseq 26\,\text{N}$$

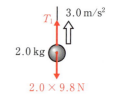

(2) 運動方程式は
$$2.0 \times 3.0 = 2.0 \times 9.8 - T_2$$
よって，
$$T_2 = 19.6 - 6.0 = 13.6 \fallingdotseq 14\,\text{N}$$

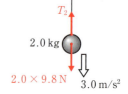

(3) 運動方程式は
$$2.0 \times 0 = T_3 - 2.0 \times 9.8$$
よって，
$$T_3 = 19.6 \fallingdotseq 20\,\text{N}$$

これは，上向きの張力 T_3 と下向きの重力 $2.0 \times 9.8 \fallingdotseq 20\,\text{N}$ という2つの力がつりあうことを意味します．

3-3 力のつりあい

一般に，運動方程式は
$$(質量) \times (加速度) = (一方の力の合計) - (もう一方の力の合計)$$
と表せますが，この左辺がゼロになるとき，**力のつりあい**といいます．

力のつりあい
$$0 = (一方の力の合計) - (もう一方の力の合計)$$

同値変形して，

力のつりあい
$$(一方の力の合計) = (もう一方の力の合計)$$

とすると意味がわかりやすくなります．

運動方程式と力のつりあいの関係を図示すると以下のようになります．

```
運動方程式  ──左辺＝0のとき──→  力のつりあい
```

歴史的な順序としてではなく，何から何が論理的に導出されるかという論理体系の立場で見ると，力のつりあいは運動方程式からの導出事項といえます．

3-4 力のつりあいの成立条件

力のつりあいは，運動方程式の左辺がゼロとなれば成立しますので，静止している方向のみならず，等速直線運動する方向についても成立します．また，他にも糸やばねといった質量がゼロとみなせる物体については，どの方向についても力のつりあいが成立します．

> **力のつりあいの成立条件**
> 運動方程式の左辺 $= 0$
> (物体が静止する方向，または等速直線運動する方向，
> または質量が無視できる物体のあらゆる方向)

たとえば，質量がゼロとみなせる物体である糸に注目して，糸の右端が受ける張力を T_1，左端が受ける張力を T_2，加速度を a（右向きを正）とすると，運動方程式は

$$0 \times a = T_1 - T_2$$

となり，$T_1 = T_2$ となります．これが，1本の糸の張力がどこでも同じになる理由です．つまり，糸の質量がゼロとみなせるからこそ，その張力が等しくなるのです．

一方，質量を無視できないロープ（質量 m_0）が動いて加速度 a をもつときは，運動方程式は

$$m_0 a = T_1 - T_2$$

となり，$m_0 a \neq 0$ より，$T_1 \neq T_2$ となります．

[例題 3.5]

なめらかな水平面に置かれた質量 m の物体を水平右向きに一定の大きさ F_0 の外力で引っ張ったところ，加速度 a で運動したとき，重力加速度の大きさを g，物体が受ける垂直抗力を N として，次の問いに答えなさい．ただし，空気抵抗は無視します．

(1) 物体が受ける力を図示しなさい．
(2) 水平方向について運動方程式を立式しなさい．
(3) 鉛直方向について力のつりあいを立式しなさい．

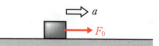

[解]

(1) 力の図示は右図のとおり．

(2) 運動方程式

$ma = F_0$

(3) 力のつりあい

$0 = N - mg$

なお，この力のつりあいから，物体が受ける垂直抗力を $N = mg$ と求めることができます．

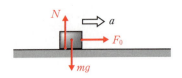

[例題 3.6]

傾斜角 θ のなめらかな斜面上に質量 m の小物体を静かに置き，すべり出させたとき，重力加速度の大きさを g，小物体が受ける垂直抗力を N，小物体の斜面に沿って下向きの加速度を a として，次の問いに答えなさい．ただし，空気抵抗は無視します．

(1) 物体が受ける力を図示しなさい．

(2) 斜面に平行な方向について運動方程式を立式しなさい．

(3) 斜面に垂直な方向について力のつりあいを立式しなさい．

[解]

(1) 力の図示は右図のとおり．

(2) 運動方程式

$ma = mg \sin \theta$

(3) 力のつりあい

$0 = N - mg \cos \theta$

なお，この力のつりあいから，物体が受ける垂直抗力を $N = mg \cos \theta$ と求めることができます．

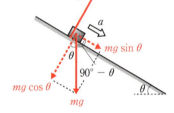

[例題 3.7]

図のように，水平でなめらかな床の上で一端を固定したばね定数 k のばねを用意し，その他端に質量 m の小物体を取りつけます．ばねが自然長になっているときの小物体の位置を原点として，水平右向きに x 軸をとったとき，小物体の大きさや空気抵抗，ばねの質量はすべて無視できるとして，次の問いに答えなさい．ただし，重力加速度の大きさは g，物体が受ける垂直抗力は N として，加速度は水平右向きを正とします．

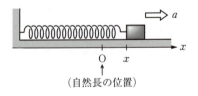

(1) 小物体が位置 x にあるとき，物体が受ける力を図示しなさい．

(2) 位置 x における加速度を a として，水平方向について運動方程式を立式しなさい．

(3) 鉛直方向について力のつりあいを立式しなさい．

[解]
(1) 力の図示は右図のとおり．
(2) 運動方程式
$$ma = -kx$$
(3) 力のつりあい
$$0 = N - mg$$

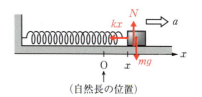
（自然長の位置）

なお，この力のつりあいから，物体が受ける垂直抗力を $N = mg$ と求めることができます．

👉 アドバイス

$a = \dfrac{d^2x}{dt^2}$ という関係があるので，加速度 a の向きと x 軸の向きはそろえるのが一般的です．なお，逆向きにした場合は $a = -\dfrac{d^2x}{dt^2}$ となります．

3-5 単位と次元

単　位

　物理で扱う，測定によって得られる量や，それらの量から計算して得られる量を**物理量**といいます．この物理量は，**単位**とよばれる基準となる量を用意して，その何倍であるかという表し方をします．たとえば，長さ＝5 m という物理量は，基準として m（メートル），つまり 1 m という単位を用意し，その 5 倍であることを表します．

　単位は様々にとることができて，たとえば長さの単位は「m」以外にも「mile（マイル）」もあれば「寸」もあります．単位を選ぶことによって基準を決め，それを用いて物理量の大きさを表します．

　本書では，長さ，時間，質量の単位をそれぞれ m（メートル），s（秒），kg（キログラム）にとり，それらの組みあわせで様々な物理量の単位を表します．

　たとえば，速度（＝（変位）÷（時間））の単位は
$$m \div s = m/s$$
加速度（＝（速度）÷（時間））の単位は
$$m/s \div s = m/s^2$$
力（運動方程式より，（質量）×（加速度）に等しい）の単位は
$$kg \times m/s^2 = kg \cdot m/s^2$$
となります．また，力の単位は N（ニュートン）とも書きますので，
$$N = kg \cdot m/s^2$$
と書くこともできます．こういった単位の選び方は，**国際単位系**（略称 **S I**）とよばれます．

次元

次元とは，物理量をグループに分類したときのラベル（グループ名）のことです．たとえば，1 kg，27 g，10 t（トン）は質量を表す [M]（Mass の頭文字）という次元で，1 m，7 cm，25 mile は長さを表す [L]（Length の頭文字）という次元で，1 s，5 h，3 min（分）は時間を表す [T]（Time の頭文字）という次元によって分類されます．

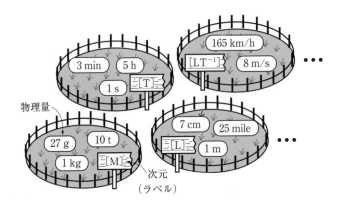

力学に出てくるすべての物理量は，これら [M]，[L]，[T] をそれぞれ x 乗，y 乗，z 乗してかけ算をした，

$$[M^x L^y T^z]$$

という次元で分類できます．

たとえば，速度の次元は

$$[L] \div [T] = [LT^{-1}]$$

となります．なお，[L/T] と書いてもよいのですが，一般的には $[LT^{-1}]$ と書きます．また，加速度の次元は

$$[LT^{-1}] \div [T] = [LT^{-2}]$$

力（質量 × 加速度 に等しい）の次元は

$$[M] \times [LT^{-2}] = [MLT^{-2}]$$

となります．

「1 m」と「1 mile」は同じ次元なので大きさの比較ができますが，「1 m」と「1 kg」は違う次元なので大きさの比較ができません．このように，同じ次元の物理量ならば大きさの比較ができますが，違う次元のものならできません．

> 2つの物理量の次元が
> ・同じ場合　⟶　大きさの比較ができる
> ・違う場合　⟶　大きさの比較ができない

✏️ **コメント**　力学に限らず，次元によってすべての物理量を分類できます．力学の場合と同様にして，いくつか基本となる次元（[M]，[L]，[T] など）を選び，それらを何乗かしてかけ算をしたものを用いればよいです．

以下に単位と次元のそれぞれについて，基本となるものと，それらを組みあわせたものの例をまとめておきます．

物理量	基本となるもの			組みあわせたもの		
	長さ	時間	質量	速度	加速度	力
単 位	m	s	kg	m/s	m/s^2	N
次 元	[L]	[T]	[M]	[LT^{-1}]	[LT^{-2}]	[MLT^{-2}]

次元解析

物理に出てくるイコール（等号）が入った式は，次元（や単位）まで含めてイコールとなります．つまり，左辺と右辺は必ず同じ次元（や単位）をもちます．このことを利用して物理量同士の関係を見つける方法を次元解析といいます．

[例題 3.8]

水深 h に比べて十分に長い波長（＝ 波の長さ）の水波の速さ v は，重力加速度の大きさ g を用いて

$$v = h^x g^y$$

で与えられます．このとき，水深 h の単位である m，水波の速さ v の単位である m/s，重力加速度の大きさ g の単位である m/s^2 に注目して $x,\ y$ の値を求めなさい．

[解]

右辺の単位に注目すると，

$$[\mathrm{m}]^x \times [\mathrm{m/s^2}]^y = [\mathrm{m}]^x \times \left[\frac{\mathrm{m}}{\mathrm{s}^2}\right]^y = [\mathrm{m}^x] \times \left[\frac{\mathrm{m}^y}{\mathrm{s}^{2y}}\right] = \left[\frac{\mathrm{m}^{x+y}}{\mathrm{s}^{2y}}\right]$$

となり，これが左辺の単位である $[\mathrm{m/s}] = \left[\dfrac{\mathrm{m}}{\mathrm{s}}\right]$ に等しいことから

$$1 = x + y \quad \text{かつ} \quad 1 = 2y$$

より，

$$x = \frac{1}{2}, \qquad y = \frac{1}{2}$$

と求まります．

章 末 問 題

[3.1]
 空中に投射された質量 m, $3m$, M の小物体 A, B, C が次の(1)～(3)の運動状態にあるとき，A～C について力を図示し，運動方程式を立式しなさい．ただし，重力加速度の大きさを g とし，空気抵抗は無視します．

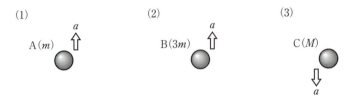

(1) 上昇中の物体 A について，加速度 a は上向きを正にとる場合
(2) 上昇中の物体 B について，加速度 a は上向きを正にとる場合
(3) 下降中の物体 C について，加速度 a は下向きを正にとる場合

[3.2]
 空中に投射された質量 m, $3m$, M の物体 A, B, C が次の(1)～(3)の運動状態にあるとき，A～C について力を図示し，運動方程式を立式しなさい．ただし，重力加速度の大きさを g とし，空気による抵抗力の大きさは速さに比例するとして，比例係数を γ とします．

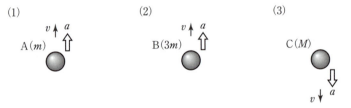

(1) 速度 v で上昇中の物体 A について，加速度 a は上向きを正にとる場合
(2) 速度 v で上昇中の物体 B について，加速度 a は上向きを正にとる場合
(3) 速度 v で下降中の物体 C について，加速度 a は下向きを正にとる場合

[3.3]
 ばね定数 k のばねにぶら下げられた質量 m の物体が下向きに運動しているとき，重力加速度の大きさを g として，次の問いに答えなさい．ただし，空気抵抗は無視します．
(1) ばねの伸びを x，加速度を a として，物体が受ける力を図示しなさい．
(2) 運動方程式を立式しなさい．

[3.4]
 質量 $4.0\,\mathrm{kg}$ の物体を軽いひもの一端につけ，次のような運動をさせるとき，次の(1)～(3)の場合のひもが物体を引く張力の大きさ T_1, T_2, T_3 を求めなさい．ただし，重力加速度の大きさは $9.8\,\mathrm{m/s^2}$，また，ひもは常に張っているものとし，物体の空気抵抗は無視します．

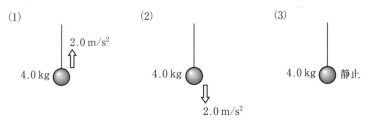

(1) 上向きに 2.0 m/s² の加速度で上昇させている場合
(2) 下向きに 2.0 m/s² の加速度で下降させている場合
(3) 静止させている場合

[3.5]
　なめらかな水平面に置かれた質量 $3m$ の物体を水平右向きに一定の大きさ F_0 の外力で引っ張ったところ，加速度 a で運動したとき，重力加速度の大きさを g，物体が受ける垂直抗力を N として，次の問いに答えなさい．ただし，空気抵抗は無視します．

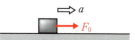

(1) 物体が受ける力を図示しなさい．
(2) 水平方向について運動方程式を立式しなさい．
(3) 鉛直方向について力のつりあいを立式しなさい．

[3.6]
　傾斜角 θ のなめらかな斜面上で質量 m の物体に初速を与え，すべり出させたとき，重力加速度の大きさを g，物体が受ける垂直抗力を N，物体の斜面に沿って上向きの加速度を a として，次の問いに答えなさい．ただし，空気抵抗は無視します．

(1) 物体が受ける力を図示しなさい．
(2) 斜面に平行な方向について運動方程式を立式しなさい．
(3) 斜面に垂直な方向について力のつりあいを立式しなさい．

[3.7]
　図のように，水平でなめらかな床の上で一端を固定したばね定数 k のばねを用意し，その他端に質量 m の物体を取りつけます．ばねが自然長になっているときの物体の位置を原点として，水平右向きに x 軸をとるとき，物体の大きさや空気抵抗，ばねの質量はすべて無視できるとして，次の問いに答えなさい．ただし，重力加速度の大きさは g とし，加速度は水平右向きを正の向きにとります．

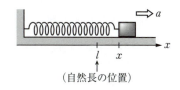

（自然長の位置）

(1) 物体が位置 x にあるとき，物体が受ける力を図示しなさい．
(2) 位置 x における加速度を a として，水平方向について運動方程式を立式しなさい．
(3) 位置 x における物体が受ける垂直抗力を N として，鉛直方向について力のつりあいを立式しなさい．

[3.8]
　線密度（= 単位長さあたりの質量）ρ の糸を伝わる横波の速さ v は，糸の張力の大きさを S とするとき，

$$v = \left(\frac{S}{\rho}\right)^x$$

で与えられます．このとき，線密度 ρ の次元である $[ML^{-1}]$，横波の速さ v の次元である $[LT^{-1}]$，張力の大きさ S の次元である $[MLT^{-2}]$ に注目して x の値を求めなさい．

運動方程式を解く(1)

　第1章では加速度の定義，第2章では力の図示の仕方，第3章では運動方程式の立式の仕方を学んできました．第4章〜第6章では，運動方程式の解き方を学びます．以上で，
　　　　　「力を図示して運動方程式を立式し，それを解いて運動を求める」
という1つの流れが完成します．
　運動方程式は**微分方程式**とよばれるものですから，それを解くには微分方程式の解き方を知っておく必要があります．そこで，まず微分方程式とは何か，そして，その**解**とは何かから学びましょう．

4-1 微分方程式

　本章では，時刻 t とともに変化する量 $x = x(t)$ を例にとって述べます．たとえば，

$$\frac{dx}{dt} = 3, \quad \frac{d^2x}{dt^2} = 7x, \quad 3\frac{d^2x}{dt^2} + 5\frac{dx}{dt} + 8x = 15, \quad \left(\frac{dx}{dt}\right)^3 = \frac{8}{x}$$

のように，$\frac{dx}{dt}$，$\frac{d^2x}{dt^2}$ といった微分が入った方程式を**微分方程式**といいます．

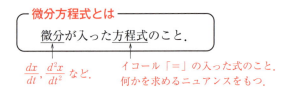

✏ **コメント** 微分方程式には，「どんな t であっても」という意味が含まれています．
$\frac{dx}{dt} = 3$ は「どんな t であっても $\frac{dx}{dt} = 3$ が成り立つ」という意味です．

4-2 微分方程式の解

　微分方程式を満たすものを**微分方程式の解**といいます．さきほどの例でいうなら，関数 $x = x(t)$ を微分方程式の左辺と右辺にそれぞれ代入したとき，イコールが成り立つものを解といいます．そして，解を求めることを**微分方程式を解く**といいます．

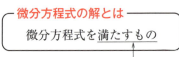

[例題 4.1]

次の (1)〜(3) の関数が，微分方程式 $\dfrac{dx}{dt} = 3$ の解か否かを代入して調べなさい．

(1)　$x = 3t$　　(2)　$x = 5t$　　(3)　$x = 3t + 4$

[解]

(1)　$x = 3t$ を微分方程式の左辺に代入すると

$$\frac{dx}{dt} = \frac{d}{dt}(3t) = 3$$

　　　　$x = 3t$ を代入　　　$\dfrac{d}{dt}(At) = A$　　←　微分の計算は (1.8) を参照

となり，右辺と一致します．よって，$x = 3t$ は解です．

(2)　$x = 5t$ を微分方程式の左辺に代入すると

$$\frac{dx}{dt} = \frac{d}{dt}(5t) = 5$$

　　　　$x = 5t$ を代入　　　$\dfrac{d}{dt}(At) = A$

となり，右辺と一致しません．よって，$x = 5t$ は解ではありません．

(3)　$x = 3t + 4$ を微分方程式の左辺に代入すると

$$\frac{dx}{dt} = \frac{d}{dt}(3t + 4) = \frac{d}{dt}(3t) + \frac{d}{dt}(4) = 3 + 0 = 3$$

　　$x = 3t + 4$ を代入　　　$\dfrac{d}{dt}(x + y) = \dfrac{dx}{dt} + \dfrac{dy}{dt}$　　　$\dfrac{d}{dt}(At) = A,\ \dfrac{dA}{dt} = 0$

となり，右辺と一致します．よって，$x = 3t + 4$ は解です．

● 物理でよく使う用語の解説

一般解

　[例題 4.1] では，(1) の $x = 3t$ も (3) の $x = 3t + 4$ も微分方程式 $\dfrac{dx}{dt} = 3$ の解でした．一般に，「$x = 3t + C$（C は任意定数）」は解となります（任意定数というのは定数ですが，どんなものでもよいという意味）．逆に，この形以外に解はありません．このような解を**一般解**といいます．　●

[例題 4.2]

次の (1)〜(3) の関数は，微分方程式 $\dfrac{dx}{dt} = 2t$ の解か否かを代入して調べなさい．

(1)　$x = 3t$　　(2)　$x = t^2$　　(3)　$x = t^2 + 4$

[解]

(1)　$x = 3t$ を微分方程式の左辺に代入すると

$$\frac{dx}{dt} = \frac{d}{dt}(3t) = 3$$

　　　　$x = 3t$ を代入　　　$\dfrac{d}{dt}(At) = A$

となり，右辺と一致しません．よって，$x = 3t$ は解ではありません．

48　4．運動方程式を解く（1）

(2)　$x = t^2$ を微分方程式の左辺に代入すると

$$\frac{dx}{dt} = \frac{d}{dt}(t^2) = 2t$$

$x = t^2$ を代入　　　$\frac{d}{dt}(At^2) = 2At$

となり，右辺と一致します．よって，$x = t^2$ は解です．

(3)　$x = t^2 + 4$ を微分方程式の左辺に代入すると

$$\frac{dx}{dt} = \frac{d}{dt}(t^2 + 4) = \frac{d}{dt}(t^2) + \frac{d}{dt}(4) = 2t + 0 = 2t$$

$x = t^2 + 4$ を代入　　　$\frac{d}{dt}(x+y) = \frac{dx}{dt} + \frac{dy}{dt}$　　　$\frac{d}{dt}(At^2) = 2At,\ \frac{dA}{dt} = 0$

となり，右辺と一致します．よって，$x = t^2 + 4$ は解です．

✏ **コメント**　微分方程式 $\frac{dx}{dt} = 2t$ の一般解は，「$x = t^2 + C$（C は任意定数）」となります．

4-3 1階と2階の微分方程式の性質

微分方程式には，次のような階数，線形という分類の仕方があります．

階　数

n 階の微分 $\frac{d^n x}{dt^n}$ まで含む微分方程式を **n 階の微分方程式**といいます．たとえば，

$$\frac{dx}{dt} = 3, \qquad 2\frac{dx}{dt} + 7x = 1, \qquad \frac{dx}{dt} = 6t, \qquad 3\frac{dx}{dt} - 5x = -2t^4 + 8$$

は1階，

$$\frac{d^2 x}{dt^2} = 4, \qquad \frac{d^2 x}{dt^2} + 6\frac{dx}{dt} = 2, \qquad 2\frac{d^2 x}{dt^2} + 5\frac{dx}{dt} + 8x = 15t^3 + 9$$

は2階の微分方程式といいます．

線　形

$x,\ \frac{dx}{dt},\ \frac{d^2 x}{dt^2},\ \cdots,\ \frac{d^n x}{dt^n}$ の1乗の項のみからなる微分方程式を **線形微分方程式**といいます．たとえば，

$$\frac{dx}{dt} = 3, \qquad 3\frac{d^2 x}{dt^2} + 5\frac{dx}{dt} + 8x = 15, \qquad 3\frac{dx}{dt} + 5x = -2t + 8$$

は線形微分方程式といえますが，

$$\left(\frac{dx}{dt}\right)^2 = 3, \qquad 2\frac{d^3 x}{dt^3} - 9\frac{dx}{dt} + 17x^2 = 5, \qquad \left(\frac{dx}{dt}\right)^3 + 7x = 5$$

は2乗の項 $\left(\frac{dx}{dt}\right)^2$，$17x^2$ や，3乗の項 $\left(\frac{dx}{dt}\right)^3$ を含むため，線形微分方程式とはいえません．

そして，1階と2階の微分方程式には次の性質があります．

┌─ **1階と2階の微分方程式の性質** ─────

・1階の線形微分方程式の一般解は，1個の未知定数を含む．

・2階の線形微分方程式の一般解は，2個の未知定数を含む．

なお，このことを一般化しますと，n 階の線形微分方程式の一般解は，n 個の未知定数を含むといえます（裳華房の本書の Web ページにある補足事項の §3 を参照）．

この後で詳しく学びますが，1 階の線形微分方程式の未知定数は，時刻 0 における x の値である $x(0)$ から求めることが一般的で，同様に，2 階の線形微分方程式の未知定数は，時刻 0 における x と dx/dt の値である $x(0)$，$dx(0)/dt$ から求めることが一般的です．これら時刻 0 における x や dx/dt の値のことを **初期条件** とよび，初期条件を定めることによって，無数にある一般解がただ 1 つに定まります．

4-4 微分方程式の解き方の分類

本書で扱う微分方程式の解き方をタイプ別に分類すると次のようになります．

微分方程式の解き方の分類

分類1：そのまま積分するタイプ

（例）　重力などの一定の力を受ける物体の運動

分類2：変数を分離して積分するタイプ

（例）　空気抵抗がある場合の物体の運動

分類3：単振動の式を仮定して解くタイプ

（例）　ばねにつながれた物体の運動

本章では，分類 1 について学びましょう．

4-5 そのまま積分するタイプ（分類1）

左辺が n 階微分で表され，右辺が t だけの式で表される場合が分類 1 です．この場合は，ただ単に両辺を時間で積分していけば微分方程式の一般解が求まります．ただし，この解き方は，右辺が t と定数だけの式で表されるとき，という前提があります．そのため，たとえば右辺に x とか dx/dt が入っていたら解けません．

分類1の例

$$\frac{dx}{dt} = 3, \qquad \frac{dx}{dt} = 5t + 8, \qquad \frac{d^2x}{dt^2} = 4$$

分類1の特徴

$$\frac{d^n x}{dt^n} = (t \text{ の式})$$

n は自然数　　　t と定数だけの式
x は入ったらダメ

[例題 4.3]

微分方程式 $\dfrac{dx}{dt} = 3$ を解いて一般解を求めなさい.

[解]

両辺を t で積分すると,

$$\int \dfrac{dx}{dt}\, dt = \int 3\, dt$$

より, C_1, C_2 を積分定数として,

$$x + C_1 = 3t + C_2$$

> **積分のまとめ (1.11) より**
> $\int \dfrac{dx}{dt}\, dt = x + C$, $\int A\, dt = At + C$ で
> これらの C を C_1, C_2 とおいた.

となるので, ここから, 以下の一般解が得られます.

$$x = 3t + C \quad (C は任意定数)$$

> $C_2 - C_1$ をまとめて C とした.

✏️ **コメント** $\dfrac{dx}{dt}$ は x-t グラフにおいて「グラフの傾き」という意味をもちます. t 方向に Δt だけずれたら, x 方向に Δx だけずれることを表す式だからです(詳しくは, 1-8 節のコラム「グラフによる微分の解釈」を参照).

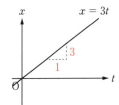
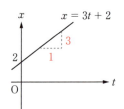
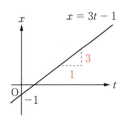

よって, この微分方程式 $\dfrac{dx}{dt} = 3$ は「どんな t であってもグラフの傾きが 3」という意味です. そのようなグラフはたくさんあって, たとえば $x = 3t$ もあれば, $x = 3t + 2$ や $x = 3t - 1$ もあります. これらが微分方程式の解の例であり, これらを一般化して, 任意定数 C を用いて表した $x = 3t + C$ が一般解です.

さきほど述べたように, 1 階の微分方程式に $x(0)$ (すなわち $t = 0$ のときの x の値) を初期条件として加えると, 解はただ 1 つに定まります. 次の例題を考えてみましょう.

[例題 4.4]

微分方程式 $\dfrac{dx}{dt} = 3$ を初期条件 $x(0) = 1$ のもとで解きなさい.

[解]

両辺を t で積分すると

$$\int \dfrac{dx}{dt}\, dt = \int 3\, dt$$

ここから, 以下の一般解が得られます.

$$x = 3t + C \quad (C は任意定数)$$

> ここまでは [例題 4.3] と同じ

ここで, $t = 0$ を上式に代入すると, 初期条件 $x(0) = 1$ より,

$$1 = 3 \cdot 0 + C$$

となり, $C = 1$ より, 以下の解が得られます.

$$x = 3t + 1$$

✏️ **コメント** これはさきほどのグラフでいえば，無数にあった傾き 3 のグラフ $x = 3t + C$ に，$x(0) = 1$ という「切片が 1 となる」という初期条件を加えた結果，条件にあうものはたった 1 つのグラフ $x = 3t + 1$ になったことを意味します．

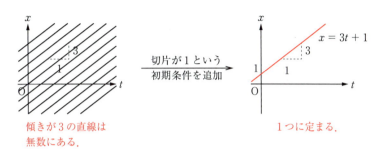

次は，2 階微分が出てくる微分方程式について学びます．

［例題 4.5］

微分方程式 $\dfrac{d^2x}{dt^2} = 5$ を解いて一般解を求めなさい．

［解］

両辺を t で積分すると，

$$\int \frac{d^2x}{dt^2}\, dt = \int 5\, dt$$

より，C_1, C_2 を積分定数として，

$$\frac{dx}{dt} + C_1 = 5t + C_2$$

＜積分のまとめ (1.11) より＞
$\int \dfrac{d^2x}{dt^2}\, dt = \dfrac{dx}{dt} + C$
$\int A\, dt = At + C$
で，これらの C を C_1, C_2 とした．

となり，ここから，以下の式が得られます．

$$\frac{dx}{dt} = 5t + C \quad (\text{C は任意定数})$$

＜$C_2 - C_1 = C$ とまとめた．＞

さらに両辺を t で積分すると，

$$\int \frac{dx}{dt}\, dt = \int (5t + C)\, dt$$

より，D_1, D_2 を積分定数として，

$$x + D_1 = \frac{5}{2} t^2 + Ct + D_2$$

＜積分のまとめ (1.11) より＞
$\int \dfrac{dx}{dt}\, dt = x + C$
$\int (At + B)\, dt = \dfrac{1}{2} At^2 + Bt + C$
で，これらの C を D_1, D_2 とした．

となり，ここから，以下の一般解が得られます．

$$x = \frac{5}{2} t^2 + Ct + D \quad (\text{D は任意定数})$$

＜$D_2 - D_1 = D$ とまとめた．＞

さて，さきほど述べたように，2 階の微分方程式では $x(0)$ と $\dfrac{dx(0)}{dt}$ という初期条件を加えると，解はただ 1 つに定まります．次の例題を考えてみましょう．

[例題 4.6]

微分方程式 $\dfrac{d^2x}{dt^2} = 5$ を初期条件 $x(0) = 3$, $\dfrac{dx(0)}{dt} = 8$ のもとで解きなさい．

[解]

両辺を t で積分すると，

$$\int \frac{d^2x}{dt^2}\,dt = \int 5\,dt$$

となり，ここから，以下の式が得られます．

$$\frac{dx}{dt} = 5t + C \qquad (C \text{ は任意定数}) \quad \cdots (a)$$

さらに両辺を t で積分すると，

$$\int \frac{dx}{dt}\,dt = \int (5t + C)\,dt$$

となり，ここから，以下の一般解が得られます．

$$x = \frac{5}{2}t^2 + Ct + D \qquad (D \text{ は任意定数}) \quad \cdots (b)$$

← ここまでは[例題 4.5] と同じ

ここで $t = 0$ を(a), (b)式に代入すると，初期条件 $x(0) = 3$, $\dfrac{dx(0)}{dt} = 8$ より，

$$8 = 5 \cdot 0 + C, \qquad 3 = \frac{5}{2} \cdot 0^2 + C \cdot 0 + D$$

となり，$C = 8$, $D = 3$ より，以下の解が得られます．

$$x = \frac{5}{2}t^2 + 8t + 3$$

これで数学の準備（微分方程式についての話）は終わりました．次節からは，本題である物理の話に戻りましょう．

4-6 等加速度直線運動の公式の導出

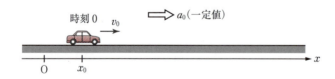

図のような初期位置が x_0, 初速度が v_0, そして加速度が一定値 a_0 となる状況を，第 1 章で学んだ速度，加速度の定義 $\left(v = \dfrac{dx}{dt} \text{ および } a = \dfrac{d^2x}{dt^2}\right)$ を用いて微分方程式の問題にすると，次の例題のようになります．

[例題 4.7]

微分方程式 $\dfrac{d^2x}{dt^2} = a_0$ (a_0 は定数) を，$x(0) = x_0$, $\dfrac{dx(0)}{dt} = v_0$ という初期条件のもとで解きなさい．

[解]

両辺を t で積分すると，

$$\int \dfrac{d^2x}{dt^2}\, dt = \int a_0\, dt$$

となり，ここから，以下の式が得られます．

$$\dfrac{dx}{dt} = a_0 t + C \qquad (C\text{ は任意定数}) \quad \cdots\text{(a)}$$

さらに両辺を t で積分すると，

$$\int \dfrac{dx}{dt}\, dt = \int (a_0 t + C)\, dt$$

となり，ここから，以下の一般解が得られます．

$$x = \dfrac{1}{2} a_0 t^2 + Ct + D \qquad (D\text{ は任意定数}) \quad \cdots\text{(b)}$$

ここで $t = 0$ を(a)，(b)式に代入すると，初期条件 $x(0) = x_0$, $\dfrac{dx(0)}{dt} = v_0$ より，

$$v_0 = a_0 \cdot 0 + C, \qquad x_0 = \dfrac{1}{2} a_0 \cdot 0^2 + C \cdot 0 + D$$

となり，$C = v_0$, $D = x_0$ より，以下の解が得られます．

$$\dfrac{dx}{dt} = a_0 t + v_0, \qquad x = \dfrac{1}{2} a_0 t^2 + v_0 t + x_0$$

これが**等加速度直線運動の公式**とよばれるものです（x：位置，t：時刻，v_0：初速度，x_0：初期位置）．一般によく見られる表現にあわせて順番を並べ替え，速度 dx/dt を v，加速度 a_0 を a と書き直してここにまとめておきます．

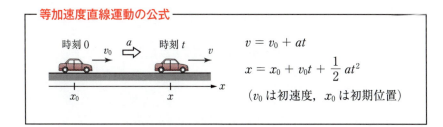

✏️ **コメント** $x_0 = 0$ (すなわち，初期位置を原点) とすると，$v = v_0 + at$, $x = v_0 t + \dfrac{1}{2} at^2$ となります．この2式から t を消去して整理すると，$v^2 - v_0^2 = 2ax$ という式が得られます．また，$x_0 = 0$ とみなすと，x は変位（はじめの位置からのずれ）と解釈することもできます．

[例題 4.8]

図のように鉛直下向きに x 軸をとり，時刻 $t=0$ に質量 m の小球を原点から静かに（すなわち初速度ゼロで）落下させたとき，小球が地面に落下するまでの間の運動について次の問いに答えなさい．ただし，重力加速度の大きさを g とし，空気抵抗は無視します．

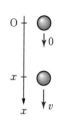

(1) 小球の加速度を鉛直下向きに a として，運動方程式を立式しなさい．
(2) 加速度 a を求めなさい．
(3) 時刻 t における小球の速度 v と位置 x を求めなさい．

[解]

(1) 力の図示は右図のとおり．運動方程式は，$ma = mg$.
(2) (1)より，$a = g$.

(3) 加速度 a は $a = \dfrac{d^2x}{dt^2}$ と表せるので（(1.5)を参照），(2)は $\dfrac{d^2x}{dt^2} = g$ となり，両辺を t で積分すると，

$$\frac{dx}{dt} = gt + C \quad \cdots (a)$$

もう一度 t で積分すると以下の式が得られます．

$$x = \frac{1}{2} gt^2 + Ct + D \quad \cdots (b)$$

C, D は積分定数であり，ここで $t=0$ を(a)，(b)式に代入すると，初期条件 $v(0) = dx(0)/dt = 0$，$x(0) = 0$ より，

$$0 = g \cdot 0 + C, \qquad 0 = \frac{1}{2} g \cdot 0^2 + C \cdot 0 + D$$

となるので，$C = 0$，$D = 0$ と求まります．よって，以下の式が得られます．

$$v = gt, \qquad x = \frac{1}{2} gt^2$$

📖 参考

(3)を微分方程式を解くことを通じてではなく，等加速度直線運動の公式を用いて解くと以下のようになります．

(2)より加速度 a は一定とわかるので，小球は等加速度直線運動をします．よって，等加速度直線運動の公式

$$v = v_0 + at, \qquad x = x_0 + v_0 t + \frac{1}{2} at^2$$

が使えます．(2)より $a = g$ であり，初期条件は問題文（原点から静かに）より，$x_0 = 0$，$v_0 = 0$ となるので，以下の式が得られます．

$$v = gt, \qquad x = \frac{1}{2} gt^2$$

なお，上下方向の運動の場合には x の代わりに y を用いて $v = gt$，$y = \dfrac{1}{2} gt^2$ と表すことも多く，これらの式を**自由落下の公式**ともいいます．

[例題 4.9]

図のように鉛直上向きに x 軸をとり，時刻 $t=0$ に質量 m の小球を原点から初速度 v_0 で投げ上げたとき，小球が地面に落下するまでの間の運動について，次の問いに答えなさい．ただし，重力加速度の大きさを g とし，空気抵抗は無視します．

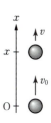

(1) 小球の加速度を鉛直上向きに a として，運動方程式を立式しなさい．
(2) 加速度 a を求めなさい．
(3) 時刻 t における小球の速度 v と位置 x を求めなさい．

[解]

(1) 力の図示は右図のとおり．運動方程式は，$ma = -mg$.
(2) (1)より，$a = -g$.
(3) 加速度 a は $a = \dfrac{d^2x}{dt^2}$ と表せるので，(2)は $\dfrac{d^2x}{dt^2} = -g$ となり，両辺を t で積分すると，

$$\frac{dx}{dt} = -gt + C \quad \cdots \text{(a)}$$

もう一度 t で積分すると以下の式が得られます．

$$x = -\frac{1}{2}gt^2 + Ct + D \quad \cdots \text{(b)}$$

C, D は積分定数であり，ここで $t=0$ を (a)，(b) 式に代入すると，初期条件 $v(0) = dx(0)/dt = v_0$，$x(0) = 0$ より，

$$v_0 = -g \cdot 0 + C, \qquad 0 = -\frac{1}{2}g \cdot 0^2 + C \cdot 0 + D$$

となるので，$C = v_0$，$D = 0$ と求まります．よって，以下の式が得られます．

$$v = v_0 - gt, \qquad x = v_0 t - \frac{1}{2}gt^2$$

📖 参考

(3)を微分方程式を解くことを通じてではなく，等加速度直線運動の公式を用いて解くと以下のようになります．

(2)より加速度 a は一定とわかるので，小球は等加速度直線運動をします．よって，等加速度直線運動の公式

$$v = v_0 + at, \qquad x = x_0 + v_0 t + \frac{1}{2}at^2$$

が使えます．(2)より $a = -g$ であり，初期条件は問題文（原点から初速度 v_0）より，$x_0 = 0$，$v_0 = v_0$ となるので，以下の式が得られます．

$$v = v_0 - gt, \qquad x = v_0 t - \frac{1}{2}gt^2$$

なお，上下方向の運動なので，さきほど述べたように y を用いて $v = v_0 - gt$，$y = v_0 t - \dfrac{1}{2}gt^2$ と表すことも多く，これらの式を**鉛直投げ上げの公式**ともいいます．

■ **Q & A（よくある質問とその回答）**

Q：この［例題 4.9］の答(2)で加速度が $-g$ というマイナスの値になっていることが，何を意味しているかわかりません．

A：この問題では，問題文で x 軸を上向きにとっています．ですから，加速度が $-g$ というのは，下向きに大きさ g の加速度になっていることを意味しています．

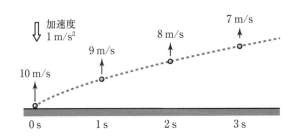

たとえば，加速度が $-1\,\mathrm{m/s^2}$ で初速度が $10\,\mathrm{m/s}$ の場合だと，速度は 1 秒後には $9\,\mathrm{m/s}$，2 秒後には $8\,\mathrm{m/s}$，3 秒後には $7\,\mathrm{m/s}$ となって，どんどん減速していく様子を表しています．

これと同じで，加速度が $-g$ で初速度が v_0 の場合だと，速度は 1 秒後（1 s 後）には $v_0 - g \times (1\,\mathrm{s})$，2 秒後（2 s 後）には $v_0 - g \times (2\,\mathrm{s})$，3 秒後（3 s 後）には $v_0 - g \times (3\,\mathrm{s})$ となることを意味します．

Q：$v = v_0 - gt$ という式は $t = v_0/g$ に $v = 0$ になることを表していますか？

A：その通りです．そしてその後，この運動は $v < 0$ となって続きます．つまり，速度が下向きになります．

さきほどの加速度が $-1\,\mathrm{m/s^2}$ で初速度が $10\,\mathrm{m/s}$ の場合でいうと，11 秒後には $-1\,\mathrm{m/s}$，12 秒後には $-2\,\mathrm{m/s}$，13 秒後には $-3\,\mathrm{m/s}$ となっていき，どんどん下向きの速さが大きくなっていきます．

$t = v_0/g$ までが速度が正で上向きに進み，$t = v_0/g$ から速度が負で下向きに進みます．このことから，$t = v_0/g$ は最高点の時刻を表しているということがわかりますね． ■

章 末 問 題

[4.1]

(1)〜(3)の関数は,微分方程式 $\dfrac{dx}{dt} = -5$ の解か否かを代入して調べなさい.

(1) $x = -5t + 1$　　(2) $x = -5t^2$　　(3) $x = -5t + 4$

[4.2]

(1)〜(3)の関数は,微分方程式 $\dfrac{dx}{dt} = -4t + 3$ の解か否かを代入して調べなさい.

(1) $x = -2t^2 + 3$　　(2) $x = -2t^2 + 3t + 8$　　(3) $x = -2t^2 + 3t$

[4.3]

微分方程式 $\dfrac{dx}{dt} = -5$ を解いて一般解を求めなさい.

[4.4]

微分方程式 $\dfrac{dx}{dt} = 2$ を初期条件 $x(0) = 7$ のもとで解きなさい.

[4.5]

微分方程式 $\dfrac{d^2x}{dt^2} = 4$ を解いて一般解を求めなさい.

[4.6]

微分方程式 $\dfrac{d^2x}{dt^2} = 4$ を,初期条件 $x(0) = 7$, $\dfrac{dx(0)}{dt} = -2$ のもとで解きなさい.

[4.7]

微分方程式 $\dfrac{d^2x}{dt^2} = 0$ を,初期条件 $x(0) = x_0$, $\dfrac{dx(0)}{dt} = v_0$ のもとで解きなさい.

[4.8]

図のように鉛直下向きに x 軸をとり,時刻 $t = 0$ に質量 m の小球を原点から初速度 v_0 で落下させたとき,小球が地面に落下するまでの間の運動について,次の問いに答えなさい.ただし,重力加速度の大きさを g とし,空気抵抗は無視します.
(1) 小球の加速度を鉛直下向きに a として,運動方程式を立式しなさい.
(2) 加速度 a を求めなさい.
(3) 時刻 t における小球の速度 v と位置 x を求めなさい.

[4.9]

図のように鉛直上向きに x 軸をとり,時刻 $t = 0$ に質量 m の小球を初期位置 x_0 のビルの屋上から初速度 v_0 で投げ上げたとき,小球が地面に落下するまでの間の運動について,次の問いに答えなさい.ただし,重力加速度の大きさを g とし,空気抵抗は無視します.
(1) 小球の加速度を鉛直上向きに a として,運動方程式を立式しなさい.
(2) 加速度 a を求めなさい.
(3) 時刻 t における小球の速度 v と位置 x を求めなさい.

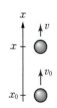

運動方程式を解く（2）

　第 4 章の運動方程式の解き方の続きとして，本章では，変数を分離して積分するタイプ（分類 2）を学びます．そのためには，指数関数，対数関数やその微分，積分といった数学が必要になるので，それらについて学ぶことからはじめましょう．

5-1　変数を分離して積分するタイプで用いる数学のまとめ

　本章で用いる数学を簡単にまとめます．まずは，絶対値の計算についてです．

$$\boxed{\begin{array}{c}\text{絶対値の計算}\\[2pt] h \geqq 0 \text{ に対して} \\ |x| = h \text{ のとき, } x = \pm h\end{array}} \quad (5.1)$$

[例題 5.1]

　次の方程式を解いて x を求めなさい．

(1)　$|x| = 2$　　(2)　$|x - 4| = 1$

[解]

(1)　$x = \pm 2$　　(2)　$x - 4 = \pm 1 \iff x = 4 \pm 1 \iff x = 5 \text{ or } 3$

　次に，指数関数についてです．**指数**とは，$2 \times 2 \times 2 = 2^3$ の 3 のような右肩の数字を表します．そして，これを関数へと拡張したのが**指数関数** a^x です．なお，2^3 は「2 の 3 乗」，a^x は「a の x 乗」と読みます．

$$\boxed{\begin{array}{c}\text{指数関数 } a^x \text{ の定義}\\[2pt] a > 0, \ x \text{ を実数, } n \text{ を自然数として,} \\ a^n = \underbrace{a \times a \times a \times \cdots \times a}_{n \text{ 個}}, \quad a^0 = 1, \quad a^{-n} = \dfrac{1}{a^n}\end{array}} \quad (5.2)$$

　定義は他にもありますが，それは本書の Web ページにある補足事項の C 5-1 を参照してください．本書で使う重要な指数関数の性質をここにまとめておきます．

$$\boxed{\begin{array}{c}\text{指数関数の性質}\\[2pt] a > 0, \ x, \ y \text{ を実数として,} \\ (1) \ a^x a^y = a^{x+y} \quad (2) \ \dfrac{a^x}{a^y} = a^{x-y} \quad (3) \ (a^x)^y = a^{xy}\end{array}} \quad (5.3)$$

5-1 変数を分離して積分するタイプで用いる数学のまとめ **59**

[例題 5.2]

次の計算をしなさい.

(1) $2^2 2^3$ (2) $\dfrac{2^5}{2^3}$ (3) $(2^2)^3$

[解]

(1) $2^2 2^3 = \underbrace{2 \times 2}_{2^2} \times \underbrace{2 \times 2 \times 2}_{2^3} = 2^5 = 32$ (2) $\dfrac{2^5}{2^3} = \dfrac{2 \times 2 \times 2 \times 2 \times 2}{2 \times 2 \times 2} = 2^2 = 4$

(3) $(2^2)^3 = \underbrace{2 \times 2}_{2^2} \times \underbrace{2 \times 2}_{2^2} \times \underbrace{2 \times 2}_{2^2} = 2^6 = 64$

2²2³ ≒ (2²)³ だね.

次に,対数についてです.log は「ログ」と読みます.

> **対数の定義**
>
> a を 1 ではない正の数,M を正の数として,
> $$a^p = M \iff p = \log_a M \quad の \log_a M のこと$$

(5.4)

(例:$2^3 = 8$ のとき $3 = \log_2 8$ と表せて,この $\log_2 8$ が対数.)

☞**アドバイス** $\log_a M$ は,要するに「a を何乗したら M になるか」を表しています.たとえば $\log_2 8$ なら,2 を 3 乗したら 8 になるので $\log_2 8 = 3$ となります.

この対数を関数へと拡張したのが対数関数 $\log_a x$ です.本書で使う重要な対数関数の性質をここにまとめておきます(証明は本書の Web ページにある補足事項の C 5-2 を参照).

> **対数関数 $\log_a x$ の性質**
>
> $a > 0,\ a \neq 1,\ M > 0,\ N > 0,\ n,\ x$ を実数として
>
> (1) $\log_a a = 1$ (2) $\log_a M - \log_a N = \log_a \dfrac{M}{N}$ (3) $\log_a M^n = n \log_a M$

(5.5)

[例題 5.3]

次の計算をしなさい.

(1) $\log_5 5$ (2) $\log_2 7 - \log_2 5$ (3) $\log_3 3^4$

[解]

(1) $\log_5 5 = 1$ (2) $\log_2 7 - \log_2 5 = \log_2 \dfrac{7}{5}$ (3) $\log_3 3^4 = 4 \log_3 3 = 4$

$\log_a a = 1$

$\log_a M - \log_a N = \log_a \dfrac{M}{N}$

$\log_a M^n = n \log_a M$ $\log_a a = 1$

次に,物理でよく登場する「自然対数の底」とよばれる数 e の定義についてです.

> **自然対数の底 e の定義**
> $$e = \lim_{x \to 0} (1 + x)^{\frac{1}{x}}$$

(5.6)

[例題 5.4]

次の方程式を解いて x を求めなさい．

(1) $\log_e |x| = 3$ (2) $\log_e |x-2| = 6$

[解]

(1) $\log_e |x| = 3 \iff |x| = e^3 \iff x = \pm e^3$

対数の定義（5.4）より
$\log_a M = p \iff M = a^p$

対数の定義／$|x| = h$ のとき，$x = \pm h$

(2) $\log_e |x-2| = 6 \iff |x-2| = e^6 \iff x-2 = \pm e^6 \iff x = 2 \pm e^6$

次に，この e を用いた指数，対数の微分についてです（証明は本書の Web ページにある補足事項の §6 を参照）．

微分の計算のまとめ

a, b：定数として，

$$\frac{d}{dt} e^t = e^t \qquad \frac{d}{dt}(ae^{bt}) = abe^{bt}$$

$$\frac{d}{dt} \log_e |t| = \frac{1}{t} \qquad \frac{d}{dt}(a\log_e |t-b|) = \frac{a}{t-b}$$

(5.7)

[例題 5.5]

次の計算をしなさい．

(1) $\dfrac{d}{dt}(e^t)$ (2) $\dfrac{d}{dt}(3e^{5t})$ (3) $\dfrac{d}{dt}(\log_e |t|)$ (4) $\dfrac{d}{dt}(7\log_e |t-6|)$

[解]

(1) $\dfrac{d}{dt}(e^t) = e^t$ (2) $\dfrac{d}{dt}(3e^{5t}) = 3 \times 5e^{5t} = 15e^{5t}$

$\dfrac{d}{dt}(ae^{bx}) = abe^{bx}$ で $a=3, b=5$

(3) $\dfrac{d}{dt}(\log_e |t|) = \dfrac{1}{t}$ (4) $\dfrac{d}{dt}(7\log_e |t-6|) = \dfrac{7}{t-6}$

$\dfrac{d}{dt}(a\log_e |t-b|) = \dfrac{a}{t-b}$ で $a=7, b=6$

$\log_e x$ は e を省略して $\log x$ と書いたり，$\ln x$ と書いたりもするよ．

最後に，積分についてです．

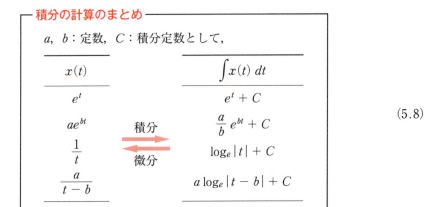

積分の計算のまとめ

a, b：定数，C：積分定数として，

$x(t)$	$\int x(t)\,dt$
e^t	$e^t + C$
ae^{bt}	$\dfrac{a}{b}e^{bt} + C$
$\dfrac{1}{t}$	$\log_e |t| + C$
$\dfrac{a}{t-b}$	$a\log_e |t-b| + C$

(5.8)

[例題 5.6]

次の計算をしなさい. ただし, 積分定数は C とします.

(1) $\displaystyle\int e^t \, dt$　　(2) $\displaystyle\int 3e^{5t} \, dt$　　(3) $\displaystyle\int \frac{1}{t} \, dt$　　(4) $\displaystyle\int \frac{7}{t-8} \, dt$

[解]

(1) $\displaystyle\int e^t \, dt = e^t + C$　　(2) $\displaystyle\int 3e^{5t} \, dt = \frac{3}{5}e^{5t} + C$

$$\boxed{\int ae^{bt}dt = \frac{a}{b}e^{bt} + C \text{ で } a=3, \ b=5}$$

(3) $\displaystyle\int \frac{1}{t} \, dt = \log_e |t| + C$　　(4) $\displaystyle\int \frac{7}{t-8} \, dt = 7\log_e |t-8| + C$

$$\boxed{\int \frac{a}{t-b} \, dt = a\log_e |t-b| + C \text{ で } a=7, \ b=8}$$

それでは, 変数を分離して積分するタイプ（分類 2）の微分方程式の解き方を学びましょう.

5-2 変数を分離して積分するタイプ（分類 2）

前章では $x = x(t)$ という関数を例にとりましたが, 分類 2 では後で扱う物理の問題にあわせて, $v = v(t)$ という関数を例にとります. その例と特徴は以下のとおりです.

分類 2 の例

$$\frac{dv}{dt} = \frac{t}{v}, \qquad \frac{dv}{dt} = v, \qquad \frac{dv}{dt} = -3(v-2)$$

分類 2 の特徴

変形すると,

$$(v \text{ の式}) \times \frac{dv}{dt} = (t \text{ の式})$$

という形になる.

左辺は v だけの式と dv/dt で, 右辺は t だけの式に分離できるとき（つまり変数を分離できるとき）に有効な解き方です. 例題を通じて解き方を学びましょう.

[例題 5.7]

微分方程式 $\dfrac{dv}{dt} = v \ (v \neq 0)$ を解いて一般解を求めなさい.

[解]

次のように変形します.

$$\frac{1}{v}\frac{dv}{dt} = 1 \quad\longleftarrow\quad \boxed{\text{両辺を } v \text{ で割った.}}$$

両辺を t で積分すると，

$$\int \frac{1}{v}\frac{dv}{dt}\,dt = \int 1\,dt$$

より，

$$\int \frac{1}{v}\,dv = \int 1\,dt$$

が得られます．これを計算すると，

$$\log_e |v| = t + D \quad (D \text{ は任意定数})$$

となり，ここから以下の一般解が得られます．

$$v = Ce^t \quad (C \text{ は任意定数})$$

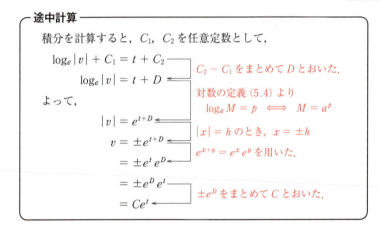

この［例題5.7］は1階の微分方程式なので，一般解は1個の未知定数を含み（4.3節を参照），それが C です．そして，この C は初期条件 $v(0)$ があれば定まり，微分方程式の解を1つに定めることができます．

［例題5.8］

微分方程式 $\dfrac{dv}{dt} = -3(v-2)$ （$v \ne 2$）を解いて一般解を求めなさい．

［解］

次のように変形します．

$$\frac{1}{v-2}\frac{dv}{dt} = -3$$

両辺を t で積分すると，

$$\int \frac{1}{v-2}\frac{dv}{dt}\,dt = \int (-3)\,dt$$

が得られます．これを計算すると，

$$\int \frac{1}{v-2}\,dv = \int (-3)\,dt$$

より，

$$\log_e |v-2| = -3t + D \quad (D \text{ は任意定数})$$

となり，ここから以下の一般解が得られます．

$$v = 2 + Ce^{-3t} \quad (C \text{ は任意定数})$$

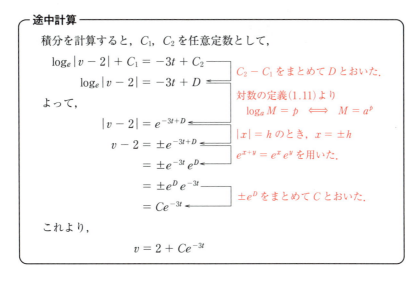

続いて，初期条件から任意定数 C を決める練習をしましょう．

[例題 5.9]

微分方程式 $\dfrac{dv}{dt} = -2(v-3)$ $(v \neq 3)$ を初期条件 $v(0) = 7$ のもとで解きなさい．また，結果を縦軸を v, 横軸を t にとったグラフで表しなさい．

[解]

次のように変形します．

$$\frac{1}{v-3}\frac{dv}{dt} = -2$$

両辺を $v-3$ で割った．

両辺を t で積分すると，

$$\int \frac{1}{v-3}\,dv = \int (-2)\,dt$$

式変形のイメージ
$$\int \frac{1}{v-3}\frac{dv}{dt}\,dt = \int (-2)\,dt$$

より，

$$\log_e |v-3| = -2t + D \quad (D\text{ は任意定数})$$

となり，ここから以下の一般解が得られます．

$$v = 3 + Ce^{-2t} \quad (C\text{ は任意定数})$$

ここまでは [例題 5.8] とまったく同じ流れ．

ここで $t=0$ を上式に代入すると，初期条件 $v(0) = 7$ より，

$$7 = 3 + Ce^{-2\cdot 0}$$

となり，$C = 4$ より，以下の解が得られます．

$$v = 3 + 4e^{-2t}$$

グラフは図のとおりです．

これで数学の準備は整いました．それでは物理の解説に戻りましょう．

5-3 指数関数型の運動の式の導出

加速度 a が，速度 v の関数として，次のように表せる場合を考えてみましょう．

$$a = -K(v - b) \quad (K：正の定数，b：定数)$$

加速度 a は定義より $a = dv/dt$ と表せるので，次のように変形ができます．

$$\frac{dv}{dt} = -K(v - b)$$

これは［例題 5.9］で求めた変数分離型の微分方程式そのものなので，

$$\frac{1}{v - b}\frac{dv}{dt} = -K$$

と変形して両辺を t で積分し，

$$\log_e |v - b| = -Kt + D$$

として（D は任意定数），これより一般解

$$v = b + Ce^{-Kt} \longleftarrow$$

> ここまでは［例題 5.9］と全く同じ解き方

が得られます．この式で表される運動を，本書では**指数関数型の運動**ということにします．C は初期条件 $v(0)$ によって定まる任意定数です．

$t \to \infty$ とすると $e^{-Kt} \to 0$ となることから，この指数関数型の運動は，初期条件 $v(0)$ の値（つまり C の値）にかかわらず，$v \to b$ となります．この速度を**終端速度**（terminal velocity）といい，一般的に v_t という文字で表します．

指数関数型の運動の公式

物体の加速度 a が，K を正の定数，b を定数として

$$a = -K(v - b)$$

と表せるとき，物体の速度 v は時刻 t の関数として

$$v = b + Ce^{-Kt}$$

となる．ここで，C は初期条件 $v(0)$ によって定まる任意定数を表す．つまり，物体の速度 v は（$t \to \infty$ で $Ce^{-Kt} \to 0$ となるので）最終的に一定値 $v_t = b$ になる．

(5.9)

ちなみに，求めた v の一般解

$$v = b + Ce^{-Kt}$$

を速度の定義 $v = dx/dt$ を用いて

$$\frac{dx}{dt} = b + Ce^{-Kt}$$

として，さらに t で積分すれば，

$$\int \frac{dx}{dt} = \int (b + Ce^{-Kt})\, dt$$

より，一般解

$$x = bt - \frac{C}{K}e^{-Kt} + D$$

が得られます．C, D は任意定数で，初期条件 $v(0)$，$x(0)$ から一意に定めることができます．

[例題 5.10]

図のように鉛直下向きに x 軸をとり，時刻 $t = 0$ に質量 m の小球を原点から静かに（すなわち，初速度ゼロで）落下させたとき，小球が地面に落下するまでの間の運動について，重力加速度の大きさを g として次の問いに答えなさい．ただし，小球には速さに比例した大きさの空気による抵抗力がはたらき，その比例定数を $\gamma\,(> 0)$ とします．

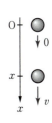

(1) 小球の速度，加速度を鉛直下向きに v, a として，運動方程式を立式しなさい．
(2) (1)より，加速度 a を求めなさい．
(3) 時刻 t における小球の速度 v を求めなさい．
(4) 十分時間が経過し，速度が一定になった後の小球の速度 v_t を求めなさい．

[解]

(1) 力の図示は右図のとおり．
運動方程式は，$ma = mg - \gamma v$.

力の図示の仕方は第2章を，運動方程式のつくり方は第3章を参照すること．

(2) (1)より，
$$a = g - \frac{\gamma}{m} v$$

これを変形して，
$$a = -\frac{\gamma}{m}\left(v - \frac{mg}{\gamma}\right)$$

(3) 加速度 a は $a = \dfrac{dv}{dt}$ と表せることより，(2)は
$$\frac{1}{v - mg/\gamma} \frac{dv}{dt} = -\frac{\gamma}{m}$$

となり，両辺を t で積分すると，
$$\log_e \left| v - \frac{mg}{\gamma} \right| = -\frac{\gamma}{m} t + D$$

より，次の式が得られます（C, D は任意定数）．
$$v = \frac{mg}{\gamma} + C e^{-\frac{\gamma}{m} t}$$

ここで $t = 0$ を上式に代入すると，初期条件 $v(0) = 0$ より，
$$0 = \frac{mg}{\gamma} + C e^{-\frac{\gamma}{m} \cdot 0}$$

となるので，$C = -\dfrac{mg}{\gamma}$ より，次の式が得られます．
$$v = \frac{mg}{\gamma} - \frac{mg}{\gamma} e^{-\frac{\gamma}{m} t}$$

(4) (3)で $t \to \infty$ とすると
$$v = \frac{mg}{\gamma} - \frac{mg}{\gamma} e^{-\frac{\gamma}{m} t} \longrightarrow \frac{mg}{\gamma}$$

よって，
$$v_\mathrm{t} = \frac{mg}{\gamma}$$

━━━━━━━━━━━━━━━━━━ **コラム（指数関数型の運動の v-t グラフ）** ━━━━━━━━━━━━━━━━━━

［例題 5.10］で，初期条件をいろいろと変えた場合の式とグラフを以下に示します．

(ⅰ) $v(0) = 0$ のとき $\quad v = \dfrac{mg}{\gamma} - \dfrac{mg}{\gamma} e^{-\frac{\gamma}{m}t}$

(ⅱ) $v(0) = \dfrac{mg}{2\gamma}$ のとき $\quad v = \dfrac{mg}{\gamma} - \dfrac{mg}{2\gamma} e^{-\frac{\gamma}{m}t}$

(ⅲ) $v(0) = \dfrac{2mg}{\gamma}$ のとき $\quad v = \dfrac{mg}{\gamma} + \dfrac{mg}{\gamma} e^{-\frac{\gamma}{m}t}$

(ⅳ) $v(0) = \dfrac{3mg}{\gamma}$ のとき $\quad v = \dfrac{mg}{\gamma} + \dfrac{2mg}{\gamma} e^{-\frac{\gamma}{m}t}$

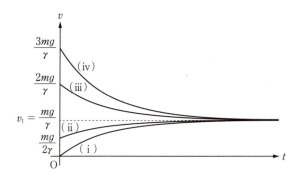

　初速度にかかわらず，$v(0)$ を終端速度より遅くしても速くしても，最終的には同じ速度 v_t に落ち着きます．なぜなら，物体の速度が終端速度より遅ければ抵抗力が小さいので加速して速くなり，終端速度より速ければ抵抗力が大きくなり減速して遅くなるからです．

章 末 問 題

[5.1]
次の計算をしなさい．
(1) $|x| = 9$ (2) $|x-1| = 3$

[5.2]
次の計算をしなさい．
(1) $3^2 3^4$ (2) $\dfrac{3^5}{3^2}$ (3) $(3^2)^4$

[5.3]
次の計算をしなさい．
(1) $\log_4 4$ (2) $\log_3 8 - \log_3 2$ (3) $\log_2 2^7$

[5.4]
次の方程式を解いて x を求めなさい．
(1) $\log_e |x| = 4$ (2) $\log_e |x-3| = 7$

[5.5]
次の計算をしなさい．
(1) $\dfrac{d}{dt}(6e^{4t})$ (2) $\dfrac{d}{dt}(8 + 7e^{-2t})$ (3) $\dfrac{d}{dt}(5\log_e |t|)$ (4) $\dfrac{d}{dt}(2\log_e |t-3|)$

[5.6]
次の計算をしなさい．ただし，積分定数は C とします．
(1) $\displaystyle\int 5e^t\, dt$ (2) $\displaystyle\int 9e^{-2t}\, dt$ (3) $\displaystyle\int \dfrac{6}{t}\, dt$ (4) $\displaystyle\int \dfrac{2}{t-1}\, dt$

[5.7]
微分方程式 $\dfrac{dv}{dt} = 3v$ $(v \neq 0)$ を解いて一般解を求めなさい．

[5.8]
微分方程式 $\dfrac{dv}{dt} = -8(v-9)$ $(v \neq 9)$ を解いて一般解を求めなさい．

[5.9]
微分方程式 $\dfrac{dv}{dt} = -2(v-3)$ $(v \neq 3)$ を初期条件 $v(0) = 0$ のもとで解きなさい．また，結果を縦軸を v，横軸を t にとったグラフで表しなさい．

[5.10]
傾斜角 θ のなめらかな斜面の上で斜面に沿って下向きに x 軸をとり，時刻 $t = 0$ に質量 m のヨットを原点から静かに（すなわち，初速度ゼロで）落下させたとき，重力加速度の大きさを g として次の問いに答えなさい．ただし，物体には速さに比例した大きさの空気による抵抗力がはたらくとして，その比例定数を γ とします．
(1) 物体の速度，加速度を斜面に沿って下向きに v, a として，運動方程式と力のつりあいを立式しなさい．
(2) (1)より，加速度 a を求めなさい．
(3) 時刻 t における物体の速度 v を求めなさい．
(4) 十分時間が経過し，速度が一定になった後の速度 v_f を求めなさい．

運動方程式を解く（3）

　第4,5章の運動方程式の解き方の続きとして，本章では単振動の式を仮定して解くタイプ（分類3）を学びます．そのためには，sinとかcosの微分，積分といった数学が必要となるので，まずはそれらを学ぶことからはじめましょう．

6-1 単振動の式を仮定して解くタイプで用いる数学のまとめ

　まずは，微分の計算についてまとめておきます（証明は本書のWebページにある補足事項の§7を参照）．

微分の計算についてのまとめ

a, b, d：定数として，

$$\frac{d}{dt}(\sin t) = \cos t \qquad \frac{d}{dt}\{a\sin(bt+d)\} = ab\cos(bt+d)$$

$$\frac{d}{dt}(\cos t) = -\sin t \qquad \frac{d}{dt}\{a\cos(bt+d)\} = -ab\sin(bt+d)$$
(6.1)

[例題 6.1]

次の計算をしなさい．

(1) $\dfrac{d}{dt}(\sin t)$　　(2) $\dfrac{d}{dt}(\cos t)$　　(3) $\dfrac{d}{dt}\{4\sin(3t+2)\}$　　(4) $\dfrac{d}{dt}\{6\cos(5t+7)\}$

(5) $\dfrac{d^2}{dt^2}(\sin t)$　　(6) $\dfrac{d^2}{dt^2}(\cos t)$　　(7) $\dfrac{d^2}{dt^2}\{4\sin(3t+2)\}$　　(8) $\dfrac{d^2}{dt^2}\{6\cos(5t+7)\}$

[解]

(1) $\dfrac{d}{dt}(\sin t) = \cos t$　　(2) $\dfrac{d}{dt}(\cos t) = -\sin t$

(3) $\dfrac{d}{dt}\{4\sin(3t+2)\} = 4\times 3\cos(3t+2) = 12\cos(3t+2)$

　　　　$\dfrac{d}{dt}\{a\sin(bt+d)\} = ab\cos(bt+d)$ で，$a=4, b=3, d=2$

(4) $\dfrac{d}{dt}\{6\cos(5t+7)\} = -6\times 5\sin(5t+7) = -30\sin(5t+7)$

　　　　$\dfrac{d}{dt}\{a\cos(bt+d)\} = -ab\sin(bt+d)$ で，$a=6, b=5, d=7$

(5) $\dfrac{d^2}{dt^2}(\sin t) \underset{\text{2階微分の定義}}{=} \dfrac{d}{dt}\left\{\dfrac{d}{dt}(\sin t)\right\} = \underset{(1)\text{の答}}{\dfrac{d}{dt}(\cos t)} \underset{(2)\text{の答}}{=} -\sin t$

6-1 単振動の式を仮定して解くタイプで用いる数学のまとめ　69

(6)　$\dfrac{d^2}{dt^2}(\cos t) = \dfrac{d}{dt}\left\{\dfrac{d}{dt}(\cos t)\right\} = \dfrac{d}{dt}(-\sin t) = -\dfrac{d}{dt}(\sin t) = -\cos t$

　　　　　　　　　　　2階微分の定義　　　　(2)の答　　　　　　　　　　(1)の答

　　　　　　　　　　　　　　2階微分の定義　　　　　　(3)の答

(7)　$\dfrac{d^2}{dt^2}\{4\sin(3t+2)\} = \dfrac{d}{dt}\left[\dfrac{d}{dt}\{4\sin(3t+2)\}\right] = \dfrac{d}{dt}\{12\cos(3t+2)\} = -12\times 3\sin(3t+2)$

　　　　　$= -36\sin(3t+2)$　　　　　　$\dfrac{d}{dt}\{a\cos(bt+d)\} = -ab\sin(bt+d)$

　　　　　　　　　　　　　　2階微分の定義　　　　　　(4)の答

(8)　$\dfrac{d^2}{dt^2}\{6\cos(5t+7)\} = \dfrac{d}{dt}\left[\dfrac{d}{dt}\{6\cos(5t+7)\}\right] = \dfrac{d}{dt}\{-30\sin(5t+7)\} = -30\times 5\cos(5t+7)$

　　　　　$= -150\cos(5t+7)$　　　　　$\dfrac{d}{dt}\{a\sin(bt+d)\} = ab\cos(bt+d)$

続いて，積分の計算についてまとめておきます.

積分の計算についてのまとめ

$a,\ b,\ d$：定数，C：積分定数として，

$x(t)$	$\displaystyle\int x(t)\,dt$
$\cos t$	$\sin t + C$
$\sin t$	$-\cos t + C$
$a\cos(bt+d)$	$\dfrac{a}{b}\sin(bt+d) + C$
$a\sin(bt+d)$	$-\dfrac{a}{b}\cos(bt+d) + C$

積分　→　微分　←

　　　　　　　　　　　　　　　　　　　　　　　　　　　　　　　　(6.2)

[例題 6.2]

次の計算をしなさい. ただし，積分定数は C とします.

(1)　$\displaystyle\int\cos t\,dt$　　(2)　$\displaystyle\int\sin t\,dt$　　(3)　$\displaystyle\int 3\cos(2t+4)\,dt$　　(4)　$\displaystyle\int 5\sin(8t+1)\,dt$

[解]

(1)　$\displaystyle\int\cos t\,dt = \sin t + C$　　(2)　$\displaystyle\int\sin t\,dt = -\cos t + C$

(3)　$\displaystyle\int 3\cos(2t+4)\,dt = \dfrac{3}{2}\sin(2t+4) + C$

　　　　$\displaystyle\int a\cos(bt+d)\,dt = \dfrac{a}{b}\sin(bt+d) + C$ で，$a=3,\ b=2,\ d=4$

(4)　$\displaystyle\int 5\sin(8t+1)\,dt = -\dfrac{5}{8}\cos(8t+1) + C$

　　　　$\displaystyle\int a\sin(bt+d)\,dt = -\dfrac{a}{b}\cos(bt+d) + C$ で，$a=5,\ b=8,\ d=1$

70   6. 運動方程式を解く(3)

6-2 単振動とは

　単振動の式を仮定して解くタイプ（分類3）の話に入るための準備として，まずは単振動とは何かを学びましょう.

　ざっくりとした説明をするならば，単振動とは往復運動のことです. 直線上の同じところを往復し続ける運動のことを単振動といいます.

単振動とは直線上の往復運動

もう少し詳しく説明するならば，単振動とは次の式で表される運動のことです.

単振動とは

物体の位置 x が時刻 t の関数として
$$x = A \sin(\omega t + \theta_0) \tag{6.3}$$
と表せるとき，「物体は単振動をする」という.

　ここで，A を振幅，ω（オメガ）を角振動数，θ_0（シータゼロ）を初期位相といいます. A, ω, θ_0 にはそれぞれ $A \geqq 0$, $\omega \geqq 0$, $0 \leqq \theta_0 < 2\pi$ という前提があります.

✎ **コメント**　さらに正確な言い方をすると，ある量 x が $x = A\sin(\omega t + \theta_0)$ の形で表されるとき，「x が単振動をする」といいます.

　この単振動の式(6.3)から，単振動は $-A \leqq x \leqq A$ の範囲の直線上の往復運動を表すとわかります. そして，その速度 v は，位置 x を時間で微分することで次のように求まります.

$$v = \frac{dx}{dt} = \frac{d}{dt}\{A\sin(\omega t + \theta_0)\} = -A\omega\cos(\omega t + \theta_0) \tag{6.4}$$

（速度の定義）
（$x = A\sin(\omega t + \theta_0)$）
（$\frac{d}{dt}\{a\sin(bt+d)\} = ab\cos(bt+d)$）

単振動の位置 x と速度 v をここにまとめておきます.

単振動の位置 x と速度 v

単振動とは物体の位置 x が $-A \leqq x \leqq A$ の範囲で動き，その速度の最大値が $A\omega$ になる直線上の往復運動を表す.

$$x = A\sin(\omega t + \theta_0)$$
$$v = A\omega\cos(\omega t + \theta_0)$$

単振動の加速度 a は，速度 v を時間で微分すれば次のように求まります．

$$a = \frac{dv}{dt} = \frac{d}{dt}\{A\omega\cos(\omega t + \theta_0)\} = -A\omega^2\sin(\omega t + \theta_0) \tag{6.5}$$

（加速度の定義／$v = A\omega\cos(\omega t + \theta_0)$／$\frac{d}{dt}\{a\cos(bt+d)\} = -ab\sin(bt+d)$）

この加速度 a は位置 x と次の関係をもちます．

$$a = -A\omega^2\sin(\omega t + \theta_0) = -\omega^2 x \tag{6.6}$$

（$x = A\sin(\omega t + \theta_0)$）

単振動の解釈

単振動は，1s あたりに角度が ω だけ反時計回りに等速円運動する物体を考えて，その物体に真横から光をあてたときの影の様子（運動），と解釈することもできます．なお，このことを「単振動は等速円運動の正射影」といいます．

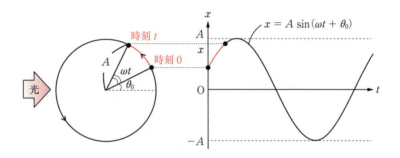

等速円運動において，1回転するのにかかる時間を周期 T といいますが，この T と ω の間には，時間 1s で角度が ω 回転することと，周期 T で角度が 2π（すなわち 360 度）回転することの比の式 $1 : \omega = T : 2\pi$ から，

$$T = \frac{2\pi}{\omega} \tag{6.7}$$

という関係が成り立ちます．

単振動においても，1回振動するのにかかる時間を **周期** T といいますが，単振動とは等速円運動の影の様子であるという解釈に戻って考えてみると，1回振動するのにかかる時間と，1回転するのにかかる時間は同じになるので，等速円運動において成り立つ上の関係式が，そのまま単振動の周期と角振動数の関係でも成り立つことがわかります．

単振動の周期 T と角振動数 ω の関係

$$T = \frac{2\pi}{\omega} \tag{6.7}$$

コラム（位相）

ある時刻における単振動の運動状態を指定するためには，位置を指定するだけでは不十分です．というのは（端なら別ですが），往復運動をするため，これから上に行くのか下に行くのかがわからないからです．そのため，単振動の状態を決めるためには，位置だけではなく，これからどっちに行くかまで指定する必要があります．

ところが sin の中身である角度ならば，たった一言，たとえば π/6（すなわち 30°）と指定するだけで，位置だけではなく，これからどっちに行くかまでも指定できるので非常に便利です．

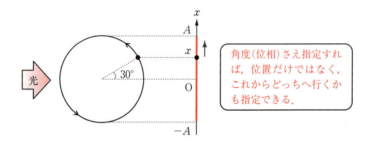

そこで，この単振動の式 $x = A\sin(\omega t + \theta_0)$ の sin の中身の角度 $\theta = \omega t + \theta_0$ のことを，「状態を一意に指定できるもの」という"気持ち"を込めて，**位相**といいます．また，時刻 t が $t = 0$ のとき，位相 θ は $\theta = \omega \cdot 0 + \theta_0$ より θ_0 となります．そこで，この θ_0 を**初期位相**といいます．

時刻 0 をいつにするかは自由に選べるので，それを調整して初期位相 θ_0 を 0 に選ぶこともよくあります．このとき，単振動の式は

$$x = A\sin\omega t$$

と非常にシンプルになります（左図を参照）．θ_0 を π/2（すなわち 90°）に選ぶと，単振動の式は，$\sin(\omega t + \pi/2) = \cos\omega t$ より，

$$x = A\cos\omega t$$

と，これもまた非常にシンプルになります（右図を参照）．

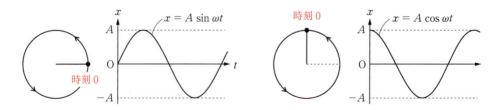

なお，$\sin(\omega t + \pi/2) = \cos\omega t$ の証明は付録 3 の A3-4 を参照してください．

6-3 単振動の式を仮定して解くタイプ(分類3)

再び，$x = x(t)$ という関数を例にとって解説します．

---**分類3の例**---

$$\frac{d^2x}{dt^2} = -3x, \qquad \frac{d^2x}{dt^2} = -5x$$

---**分類3の特徴**---

$$\frac{d^2x}{dt^2} = -\boxed{正の定数}\,x \quad という形のもの$$

左辺は x の2階微分で，右辺は $-\boxed{正の定数}\,x$ といった形で表せるものを，本書では分類3とよぶことにします．これについては，さきほど述べた単振動の式を解として仮定することで微分方程式を解きます．具体的には，次のように求めます．

---**分類3の微分方程式の一般解の求め方**---

① 一般解として $x = A\sin(\omega t + \theta_0)$ を仮定する．

② 仮定した①の解を，微分方程式の左辺と右辺にそれぞれ代入して計算する．

③ ②の左辺と右辺が等しくなるような ω を求める．

そもそも微分方程式の解とは，「微分方程式に代入したらイコールが成り立つもの」なので，この方法でも解が見つかったことになります．しかも，この解には A と θ_0 という任意定数が2個含まれているので，2階の微分方程式の性質により，一般解にもなっています（4-3節を参照）．

一般解を求める練習として，次の例題を解いてみましょう．

[例題 6.3]

微分方程式 $\dfrac{d^2x}{dt^2} = -3x$ を解いて一般解を求めなさい．

[解]

$x = A\sin(\omega t + \theta_0)$ という解を仮定します．まず，左辺を計算すると，

2階微分の定義　　　　　$\dfrac{d}{dt}\{a\sin(bt+d)\} = ab\cos(bt+d)$

$$\frac{d^2x}{dt^2} = \frac{d}{dt}\left[\frac{d}{dt}\{A\sin(\omega t + \theta_0)\}\right] = \frac{d}{dt}\{A\omega\cos(\omega t + \theta_0)\}$$

$$= -A\omega^2\sin(\omega t + \theta_0)$$

$\dfrac{d}{dt}\{a\cos(bt+d)\} = -ab\sin(bt+d)$

74   6. 運動方程式を解く（3）

となり，右辺を計算すると，

$$-3x = -3A\sin(\omega t + \theta_0)$$

となります．よって，

$$\omega^2 = 3$$

つまり

$$\omega = \sqrt{3}$$

> 左辺 $= -A\omega^2 \sin(\omega t + \theta_0)$
> 右辺 $= -3A\sin(\omega t + \theta_0)$
> $\to \omega^2 = 3$ なら，左辺 $=$ 右辺

$\longleftarrow$ 角振動数 ω は $\omega \geqq 0$ が前提

ならば両辺が等しくなり，確かに $x = A\sin(\omega t + \theta_0)$ は解となります．しかも $\dfrac{d^2x}{dt^2} = -3x$ は 2 階の線形微分方程式であるのに対し，この解は A と θ_0 という 2 個の任意定数を含んでいるので，この解は一般解といえます．

　以上より，求める一般解は次のようになります．

$$x = A\sin(\sqrt{3}\, t + \theta_0)$$

6-4 単振動の式の導出

　加速度 a が，位置 x の関数として，次のように表せる場合を考えましょう．

$$a = -\boxed{\text{正の定数}}\, x \tag{6.8}$$

加速度 a は $a = d^2x/dt^2$ と表されるので（(1.5)を参照），次のように変形ができます．

$$\frac{d^2x}{dt^2} = -\boxed{\text{正の定数}}\, x \tag{6.9}$$

　これは［例題 6.3］で求めた微分方程式と同じ形なので，$x = A\sin(\omega t + \theta_0)$ という解を仮定します．まず，左辺を計算すると

$$\frac{d^2x}{dt^2} = \frac{d}{dt}\left[\frac{d}{dt}\{A\sin(\omega t + \theta_0)\}\right] = \frac{d}{dt}\{A\omega\cos(\omega t + \theta_0)\}$$

$$= -A\omega^2 \sin(\omega t + \theta_0)$$

となり，次に右辺を計算すると，

$$-\boxed{\text{正の定数}}\, x = -\boxed{\text{正の定数}}\, A\sin(\omega t + \theta_0)$$

となります．よって，角振動数 ω は $\omega \geqq 0$ という前提があることを考慮して

$$\omega = \sqrt{\boxed{\text{正の定数}}}$$

ならば両辺が等しくなり，確かに $x = A\sin(\omega t + \theta_0)$ は解となります．しかも $\dfrac{d^2x}{dt^2} = -\boxed{\text{正の定数}}\, x$ は 2 階の線形微分方程式であるのに対し，この解は A と θ_0 という 2 個の任意定数を含んでいますので，この解は一般解といえます．

　以上より，一般解は次式で表されます．

$$x = A\sin(\sqrt{\boxed{\text{正の定数}}}\, t + \theta_0) \tag{6.10}$$

　また，速度 v は定義 $v = dx/dt$ より，

$$v = \frac{d}{dt}\left\{A\sin(\sqrt{\boxed{\text{正の定数}}}\, t + \theta_0)\right\}$$

$$= A\sqrt{\boxed{\text{正の定数}}}\,\cos(\sqrt{\boxed{\text{正の定数}}}\, t + \theta_0) \tag{6.11}$$

と表せます．

これらをここにまとめておきます．

単振動の式の導出 (1)

物体の加速度 a が，
$$a = -\boxed{\text{正の定数}}\, x$$
と表せるとき，角振動数 $\omega = \sqrt{\boxed{\text{正の定数}}}$ の単振動をする．
式で表すと，位置 x と速度 v は
$$x = A\sin(\omega t + \theta_0), \quad v = A\omega\cos(\omega t + \theta_0)$$
と表せる．

(6.12)

このように，単振動をすることおよびその角振動数 ω は，加速度 a から決まります．これに対して，振幅 A と初期位相 θ_0 は，初期条件 ($x(0)$ と $v(0)$) から決まります．

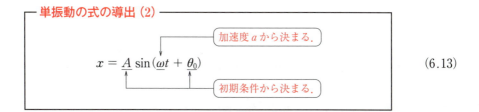

(6.13)

コメント (6.12) の $a = -\boxed{\text{正の定数}}\, x$ は，(5.9) と同様にして，文字を用いてたとえば $a = -Kx$ のように書いた方が見やすくはなります．しかし，単振動では，ばねによる力として $-kx$ (k はばね定数) を用いることが多いため，それとまぎらわしいです．そこで，本書では $a = -\boxed{\text{正の定数}}\, x$ と表しました．

単振動の一般解を求め，そして，初期条件から振幅 A と初期位相 θ_0 を求める練習として，次の例題を解いてみましょう．

[例題 6.4]

微分方程式 $\dfrac{d^2x}{dt^2} = -7x$ を初期条件 $x(0) = 0$，$\dfrac{dx(0)}{dt} = 4$ のもとで解きなさい．

[解]

$x = A\sin(\omega t + \theta_0)$ という解を仮定し，まず，左辺を計算すると
$$\frac{d^2x}{dt^2} = \frac{d}{dt}\left[\frac{d}{dt}\{A\sin(\omega t + \theta_0)\}\right] = \frac{d}{dt}\{A\omega\cos(\omega t + \theta_0)\} = -A\omega^2\sin(\omega t + \theta_0)$$
となり，次に右辺を計算すると，
$$-7x = -7A\sin(\omega t + \theta_0)$$
となります．

> 左辺 $= -A\omega^2\sin(\omega t + \theta_0)$
> 右辺 $= -7A\sin(\omega t + \theta_0)$
> → $\omega^2 = 7$ なら，左辺 = 右辺

よって，$\omega \geqq 0$ という前提を考慮して
$$\omega = \sqrt{7}$$
ならば両辺が等しくなり，確かに $x = A\sin(\omega t + \theta_0)$ は解となります．しかも，この解は A と θ_0 という 2 個の任意定数を含んでいるので，この解は一般解といえます．

76   6. 運動方程式を解く(3)

以上より，一般解は

$$x = A \sin(\sqrt{7}t + \theta_0)$$

となり，これを微分すると，次の式が得られます．

$$\frac{dx}{dt} = \sqrt{7}A \cos(\sqrt{7}\,t + \theta_0) \longleftarrow \boxed{\text{初期条件を用いる準備}}$$

ここで $t = 0$ を上式に代入すると，初期条件 $x(0) = 0$，$\dfrac{dx(0)}{dt} = 4$ より，

$$0 = A \sin(\sqrt{7}\cdot 0 + \theta_0), \qquad 4 = \sqrt{7}A \cos(\sqrt{7}\cdot 0 + \theta_0)$$

となるので，($A \geqq 0,\ 0 \leqq \theta_0 < 2\pi$ より) $A = \dfrac{4}{\sqrt{7}}$，$\theta_0 = 0$ と求まり，次の式が得られます．

$$x = \frac{4}{\sqrt{7}} \sin(\sqrt{7}\,t)$$

・‒・‒・‒・‒・‒・‒・‒・‒・‒・‒ **コラム（単振動を表す様々な式）** ・‒・‒・‒・‒・‒・‒・‒・‒・‒・‒

2階の線形微分方程式の一般解は，微分方程式に代入してイコールが成り立ち，未知定数を2つ含むものでした（4-3節を参照）．そして，単振動を表す微分方程式

$$\frac{d^2x}{dt^2} = -\boxed{\text{正の定数}}\,x$$

は，その2階の線形微分方程式であり，一般解は，

$$x = A \sin(\omega t + \theta_0) \qquad \text{ただし，} \omega = \sqrt{\boxed{\text{正の定数}}} \tag{6.14}$$

と表せることを学びました（A と θ_0 が未知定数）．

さて，実は

$$x = A \cos(\omega t + \theta_0) \qquad \text{ただし，} \omega = \sqrt{\boxed{\text{正の定数}}} \tag{6.15}$$

も同様に微分方程式を満たし，未知定数を2つ含みます．つまり，これもまた一般解となります．

また，$x = A \sin(\omega t + \theta_0)$ を加法定理（付録3のA3-6を参照）を用いて

$$x = A \cos\theta_0 \sin\omega t + A \sin\theta_0 \cos\omega t$$

と変形して，初期条件を用いて後から決定する量である A，θ_0 をまとめて，$A \cos\theta_0 = C$，$A \sin\theta_0 = D$ とおき，

$$x = C \sin\omega t + D \cos\omega t \qquad \text{ただし，} \omega = \sqrt{\boxed{\text{正の定数}}} \tag{6.16}$$

としても同様に微分方程式を満たし，これも未知定数を2つ含んでいるので一般解であり，この未知定数 C，D は初期条件から決定します．結局，(6.14)，(6.15)，(6.16)の式はすべて単振動を表していて，その本質は同じです．

・‒

📖 **参考**

連続的につながっているどんな周期的な振動でも，角振動数を ω，2ω，3ω，$\cdots$ と変えて，たしあわせた

$$x = A_0 + A_1 \sin(\omega t + \theta_1) + A_2 \sin(2\omega t + \theta_2) + \cdots + A_n \sin(n\omega t + \theta_n) + \cdots$$

を用意すれば，（各 A とか θ_0 を調整することで）表すことができるという非常に大事な定理があります．

単振動は $x = A_0 + A_1 \sin(\omega t + \theta_1)$（$A_0$ は振動の中心を表すと解釈できる）という式で表すことができる最もシンプルな振動ですが，この基本さえ理解しておけば，一般の振動も理解できるようになります．ちなみに本書では，$A_0 = 0$ とした $x = A_1 \sin(\omega t + \theta_1)$ の形の単振動を扱います． 📖

これで数学の準備は整いました．本題である物理の話に戻りましょう．

[例題 6.5]

図のように，水平でなめらかな床の上で一端を固定したばね定数 k のばねを用意し，その他端に質量 m の物体を取りつけます．ばねが自然長になっているときの物体の位置を原点として，水平右向きに x 軸をとるとき，物体の大きさや空気抵抗，ばねの質量はすべて無視できるとして，次の問いに答えなさい．速度，加速度は水平右向きを正とします．

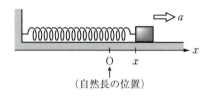

(1) 物体の位置が x のときの加速度を a として，運動方程式を立式しなさい．
(2) 加速度 a を求めなさい．
(3) 初期位置を $x(0) = 0$，初速度を $v(0) = v_0 (> 0)$ として，時刻 t における物体の位置 x を式で表しなさい．

[解]

(1) 力を図示すると右図のとおり．

運動方程式 $ma = -kx$

(2) (1)より，$a = -\dfrac{k}{m} x$

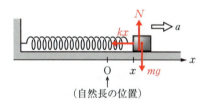

✎ コメント　この加速度 a は，位置 x に応じて変化するので，(3)の答えで等加速度運動の式は使えません．

(3) 加速度 a は $a = \dfrac{d^2 x}{dt^2}$ と表せることより，(2)は

$$\frac{d^2 x}{dt^2} = -\frac{k}{m} x$$

と表せるので，この微分方程式に対し，$x = A \sin(\omega t + \theta_0)$ という解を仮定します．

まず，左辺を計算すると

$$\frac{d^2 x}{dt^2} = \frac{d}{dt}\left[\frac{d}{dt}\{A \sin(\omega t + \theta_0)\}\right] = -A\omega^2 \sin(\omega t + \theta_0)$$

となり，右辺を計算すると，

$$-\frac{k}{m} x = -\frac{k}{m} A \sin(\omega t + \theta_0)$$

となります．よって，

$$\omega = \sqrt{\frac{k}{m}}$$

ならば両辺が等しくなり，確かに $x = A \sin(\omega t + \theta_0)$ は解となります．しかも，この解は A と θ_0 という2個の任意定数を含んでいるので，この解は一般解といえて，次式で表せます．

$$x = A \sin\left(\sqrt{\frac{k}{m}}\, t + \theta_0\right)$$

78   6. 運動方程式を解く(3)

また，速度 v は定義 $v = dx/dt$ より，

$$v = A\sqrt{\frac{k}{m}}\cos\left(\sqrt{\frac{k}{m}}\,t + \theta_0\right)$$

となります．ここで $t = 0$ を上式に代入すると，初期条件 $x(0) = 0$, $v(0) = v_0$ より，

$$0 = A\sin\left(\sqrt{\frac{k}{m}}\cdot 0 + \theta_0\right), \qquad v_0 = A\sqrt{\frac{k}{m}}\cos\left(\sqrt{\frac{k}{m}}\cdot 0 + \theta_0\right)$$

となるので，$(A \geqq 0,\ 0 \leqq \theta_0 < 2\pi$ より$)$ $A = v_0\sqrt{\dfrac{m}{k}}$, $\theta_0 = 0$ と求まります．

よって，次の式が得られます．

$$x = v_0\sqrt{\frac{m}{k}}\sin\left(\sqrt{\frac{k}{m}}\,t\right)$$

周期 T は，さきほど解説した関係式(6.7)を用いて

$$T = \frac{2\pi}{\omega} = 2\pi\sqrt{\frac{m}{k}} \tag{6.17}$$

と求まります．これが，有名なばね振り子の周期の公式です．

ばね振り子の周期

$$T = 2\pi\sqrt{\frac{m}{k}} \qquad (m:質量,\ k:ばね定数) \tag{6.18}$$

📖 参考
　この[例題 6.5]の(3)の微分方程式を解くことを通じてではなく，公式を用いてばね振り子の周期 (6.18) を求めたい場合は，(2)で求めた $a = -\dfrac{k}{m}\,x$ を (6.6) の $a = -\omega^2 x$ と照らしあわせることで $\omega = \sqrt{\dfrac{k}{m}}$ と求め，これを(6.7)に代入して $T = \dfrac{2\pi}{\omega} = 2\pi\sqrt{\dfrac{m}{k}}$ と求めることが一般的です．　📖

🚩 発展　振動の中心が原点ではない場合の単振動の式の導出
　座標軸の原点は自由に選べるので，本書では多くの本と同様に振動の中心を原点に選んでいます．しかし問題によっては，最初の設定としてあらかじめ座標軸の向きや原点の位置が問題文に与えてあり，そのもとで振動の中心の座標を求めるものもあります．
　振動の中心が原点にない場合まで一般化した単振動の式は，振動の中心の座標 x_C（C は Center の意味）を用いて

$$x = x_\mathrm{C} + A\sin(\omega t + \theta_0)$$

と表されます．これに対応する微分方程式は

$$\frac{d^2x}{dt^2} = -\boxed{正の定数}\,(x - [定数])$$

の形になり，$\sqrt{\boxed{正の定数}}$ が ω に，[定数] が x_C に対応しています．　🚩

章 末 問 題

[6.1]

次の計算をしなさい．

(1) $\dfrac{d}{dt}(2\sin t)$ (2) $\dfrac{d}{dt}(\cos 3t)$ (3) $\dfrac{d}{dt}\{5\sin(8t+9)\}$ (4) $\dfrac{d}{dt}\{3\cos(2t-3)\}$

[6.2]

次の計算をしなさい．ただし，積分定数は C とします．

(1) $\displaystyle\int \cos 2t\,dt$ (2) $\displaystyle\int 6\sin t\,dt$ (3) $\displaystyle\int 9\cos(3t-4)\,dt$ (4) $\displaystyle\int 4\sin(5t+1)\,dt$

[6.3]

微分方程式 $\dfrac{d^2x}{dt^2}=-2x$ を解いて一般解を求めなさい．

[6.4]

微分方程式 $\dfrac{d^2x}{dt^2}=-6x$ を初期条件 $x(0)=8$，$\dfrac{dx(0)}{dt}=0$ のもとで解きなさい．

[6.5]

図のように，水平でなめらかな床の上で一端を固定したばね定数 k のばねを用意し，その他端に質量 m の物体を取りつけます．ばねが自然長になっているときの物体の位置を原点として，水平右向きに x 軸をとるとき，物体の大きさや空気抵抗，ばねの質量はすべて無視できるとして，次の問いに答えなさい．ただし，速度，加速度は水平右向きを正とします．

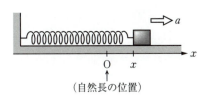

(1) 物体の位置が x のときの加速度を a として，運動方程式を立式しなさい．
(2) 加速度 a を求めなさい．
(3) 初期位置を $x(0)=d$，初速度を $v(0)=0$ として，時刻 t における物体の位置 x を式で表しなさい．

第Ⅱ部 保存量

　第Ⅰ部では，時刻とともに変化する物体の位置や速度を運動方程式から求めるということを学びました．これに対して，時刻が変わっても変化しない量を保存量といい，第Ⅱ部では，この保存量と，それに対する関係式を学びます．

　力学で出てくる保存量は次のとおりです．

────────────── 保存量 ──────────────

　・運動量（第7章）
　・エネルギー
　　　・運動エネルギー（第8章）
　　　・位置エネルギー　　⎫
　　　・力学的エネルギー　⎬ （第9章）
　　　　　　　　　　　　　⎭
　・角運動量（第10章）

─────────────────────────────────

　第7章では運動量，第8章では運動エネルギー，第9章では位置エネルギーと力学的エネルギー，第10章では角運動量を学びます．そして，それぞれの保存量がもつ関係式を学びます．

　なお，これらの関係式は，もとをたどればすべて運動方程式から導出されます．それらの導出については，まとめのところで学びます．

　この第Ⅱ部を通じて，様々な保存量とその関係式をマスターしてください．

7 運動量

　本章では，まず運動量と力積とは何かを学びます．一般の力積の定義には難しい数学を使いますので，これをいきなり学ぶのは初学者にとってハードルが高いと思います．そこで，本書では単純な状況下での定義からはじめて少しずつ複雑にしていき，一般の定義にたどりつく方式で学びます．その後，両者をつなぐ法則である運動量と力積の関係を学び，そして，その法則をもとに運動量保存則とよばれる法則を導出します．

> 定義とは，言葉の決まりのこと．

7-1 運動量

　質量 m [kg] の物体が速度 v [m/s] で運動しているとき，物体は**運動量** mv [kg·m/s] をもつといいます（単位 kg·m/s はキログラムメートル毎秒と読みます）．また，一般に運動量は p という記号を用いて表します．まとめると，次のようになります．

───運動量───
$$p = mv \quad (m:質量,\ v:速度) \tag{7.1}$$

　運動量は物体の質量が大きいほど，また速度が大きいほど大きくなります．このことから，運動量は物体のもつ"勢い"を表す量だと考えることができます．

[例題 7.1]
　次の(1)～(3)のそれぞれの場合における物体 A, B, C の運動量 p_A, p_B, p_C を求めなさい．ただし，右向きを正とします．

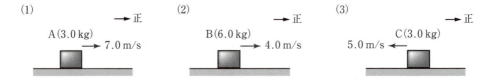

(1) 物体 A の質量が $m_A = 3.0$ kg で，速度が $v_A = 7.0$ m/s のとき
(2) 物体 B の質量が $m_B = 6.0$ kg で，速度が $v_B = 4.0$ m/s のとき
(3) 物体 C の質量が $m_C = 3.0$ kg で，速度が $v_C = -5.0$ m/s のとき

[解]
　運動量の定義をそのまま用います．
(1) $p_A = m_A v_A = 3.0 \times 7.0 = 21$ kg·m/s　　(2) $p_B = m_B v_B = 6.0 \times 4.0 = 24$ kg·m/s
(3) $p_C = m_C v_C = 3.0 \times (-5.0) = -15$ kg·m/s

この［例題7.1］からもわかるように，運動量も速度と同じく符号つきの量であり，正，負で向きが判断できます．

> 運動量は符号つきの量で，正，負で向きがわかる．

> 運動量は，向きの情報を含んだ，物体のもつ"勢い"

🚩 発展　一般的な運動量の定義

ここまでは1次元上の運動（つまり直線上の運動）における運動量の定義を述べました．3次元空間（つまり立体の世界）では速度は $\vec{v}$ というベクトルで表されるため，運動量も $\vec{p}$ というベクトルで表され，

$$\vec{p} = m\vec{v} \tag{7.2}$$

と表します．これを x，y，z の3成分で表すと，

$$p_x = mv_x, \qquad p_y = mv_y, \qquad p_z = mv_z \tag{7.3}$$

となります．🚩

7-2 力積

単純な状況下での力積

図のように，物体に時間 Δt [s] の間だけ一定の力 F [N] が加わった場合，物体に**力積** $F\Delta t$ [N·s] を与えた（または物体が力積 $F\Delta t$ [N·s] を受けた）といいます（単位 N·s はニュートン秒と読みます）．また，一般に力積は I という記号を用いて表します．まとめると，次のようになります．

> **力積 I**
> $$I = F\Delta t \qquad (F：一定の力，\Delta t：時間) \tag{7.4}$$

力積は，物体に加わる力が大きいほど，また，その力が長い時間加わるほど大きくなります．このことから，力積は"力の時間効果"を表す量だと考えることができます．

> 力積は"力の時間効果"

✏️ **コメント**　$I = F\Delta t$ という力積の定義には，力が一定という前提があることに注意しましょう．力が変化してしまうと，この定義は使えません．

$$I = F\Delta t \quad \longleftarrow \quad 力 F が一定のときだけ！$$

[例題 7.2]

次の(1)～(3)のそれぞれの場合における物体 A, B, C が受けた力積 I_A, I_B, I_C を計算しなさい．ただし，右向きを正とします．

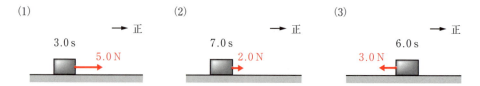

(1) 物体 A が一定の力 $F_A = 5.0\,\mathrm{N}$ を時間 $\Delta t_A = 3.0\,\mathrm{s}$ の間受けた場合
(2) 物体 B が一定の力 $F_B = 2.0\,\mathrm{N}$ を時間 $\Delta t_B = 7.0\,\mathrm{s}$ の間受けた場合
(3) 物体 C が一定の力 $F_C = -3.0\,\mathrm{N}$ を時間 $\Delta t_C = 6.0\,\mathrm{s}$ の間受けた場合

[解]

力積の定義をそのまま用います．
(1) $I_A = F_A \Delta t_A = 5.0 \times 3.0 = 15\,\mathrm{N\cdot s}$
(2) $I_B = F_B \Delta t_B = 2.0 \times 7.0 = 14\,\mathrm{N\cdot s}$
(3) $I_C = F_C \Delta t_C = -3.0 \times 6.0 = -18\,\mathrm{N\cdot s}$

この[例題 7.2]において，物体に力がはたらくようすを，縦軸を力 F，横軸を時刻 t にとった F-t グラフにすると，図のようになります．

― [例題 7.2] を F-t グラフで表す ―

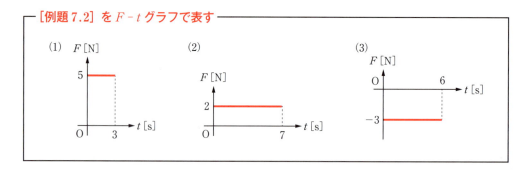

> F-t グラフから，物体に力が加わるようすを頭に思い浮かべられるようにしよう．

物体がそれぞれの力から受けた力積は，次のページの図のように，その面積と一致します．ただし，[例題 7.2]の(3)のように力 F が負のときは，マイナスの符号をつけた面積になります．つまり，F-t グラフの符号を考慮した面積が力積と一致します．

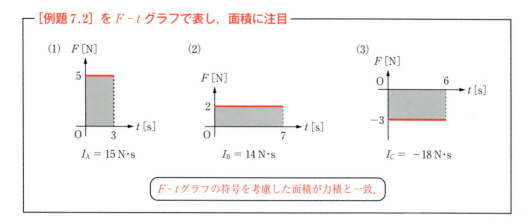

力が時間とともに変化する場合を考えるために，以下の例題を考えてみましょう．

[例題 7.3]

物体がはじめ一定の力 $F_1 = 4.0\,\text{N}$ を時間 $\Delta t_1 = 3.0\,\text{s}$ の間受け，次に一定の力 $F_2 = 7.0\,\text{N}$ を時間 $\Delta t_2 = 2.0\,\text{s}$ の間受け，最後に一定の力 $F_3 = 5.0\,\text{N}$ を時間 $\Delta t_3 = 4.0\,\text{s}$ の間受けたとき，はじめから最後までに物体が受けた力積 I を求めなさい．ただし，右向きを正とします．

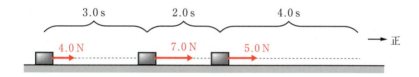

[解]

力が一定の時間ごとに，力 × 時間 を計算してたせば求められます．
$$I = F_1 \Delta t_1 + F_2 \Delta t_2 + F_3 \Delta t_3 = 4.0 \times 3.0 + 7.0 \times 2.0 + 5.0 \times 4.0 = 46\,\text{N·s}$$

この [例題 7.3] において，物体に力がはたらくようすを，縦軸を力 F，横軸を時刻 t にとった F-t グラフにすると図のようになり，灰色部分の面積が力積と一致します．

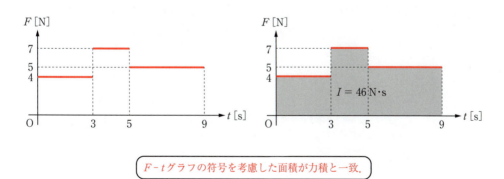

一般的な力積の定義も，この [例題 7.3] を参考にして考えればわかりやすいです．

一般的な状況下での力積

力が時間とともに変化する一般的な場合も，図のように，その間は力が一定とみなせるぐらいの非常に短い時間 Δt_1, Δt_2, Δt_3, … で区切って，

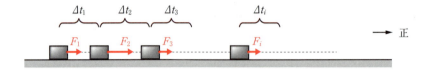

$$I = F_1 \Delta t_1 + F_2 \Delta t_2 + F_3 \Delta t_3 + \cdots + F_i \Delta t_i + \cdots \tag{7.5}$$

とすれば，力積を求めることができます．これは $\sum$ 記号と lim 記号を用いれば，

$$I = \lim_{n \to \infty} \sum_{i=1}^{n} F_i \Delta t_i \tag{7.6}$$

とまとめて書くこともできますし，さらに，

$$I = \int_{t_{はじめ}}^{t_{おわり}} F \, dt \tag{7.7}$$

のように定積分の記号を用いて書くこともできます（定積分の詳細については本書の Web ページにある補足事項の §8 を参照）．ここで，Δt_1, Δt_2, Δt_3, … の合計が $t_{おわり} - t_{はじめ}$ を表します．

非常に短い時間で区切るということは，左図のようななめらかな曲線で表された F - t グラフを，右図のようなカクカクとしたグラフとみなすことに対応します．

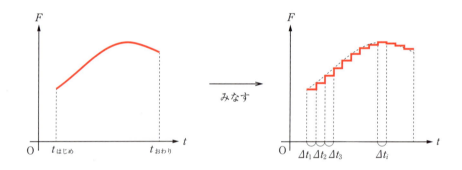

そして，その力積は，グラフのつくる細長い長方形の面積の合計に一致します．

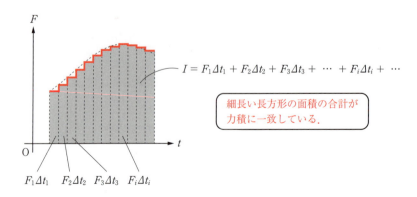

容易にわかるように，Δt_i を非常に細かくしていけばいくほど，これはもとの F-t グラフの面積に一致していきます．もちろん，さきほど述べたように，F が負ならばマイナスをつけた面積になります．

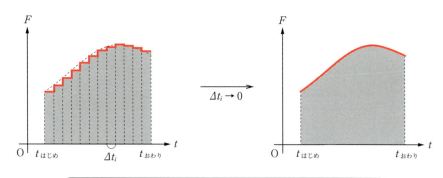

区切る時間を短くしていくと，最終的に F-t グラフの面積になる！

以上をまとめると次のようになります．

物体が受ける力積 I

物体が受ける力を F，時刻を t として
$$\begin{aligned}
I &= F_1 \Delta t_1 + F_2 \Delta t_2 + F_3 \Delta t_3 + \cdots + F_i \Delta t_i + \cdots \\
&= \lim_{n \to \infty} \sum_{i=1}^{n} F_i \Delta t_i \\
&= \int_{t_\text{はじめ}}^{t_\text{おわり}} F \, dt \\
&= F\text{-}t \text{ グラフの符号を考慮した面積}
\end{aligned}$$
(7.8)

$\left(\begin{array}{l} \Delta t_1,\ \Delta t_2,\ \cdots,\ \Delta t_i,\ \cdots : 力が一定とみなせるぐらいの微小時間 \\ F_1,\ F_2,\ \cdots,\ F_i,\ \cdots : \Delta t_1,\ \Delta t_2,\ \cdots,\ \Delta t_i,\ \cdots における物体が受ける力 \end{array} \right)$

このように様々な力積の表現の仕方がありますが，大事なことは，これらがすべて同じ意味ということです．

すべて同じ意味．

🚩 発展　一般的な力積の定義

ここまでは，1次元上の運動（つまり，直線上の運動）における力積の定義を述べてきました．一方，3次元空間（つまり立体の世界）では，力は $\vec{F}$ というベクトルで表されるため，力積も $\vec{I}$ というベクトルで表され，
$$\vec{I} = \int_{t_\text{はじめ}}^{t_\text{おわり}} \vec{F} \, dt \tag{7.9}$$
と表せます．これは $x,\ y,\ z$ の3成分で表すと，
$$I_x = \int_{t_\text{はじめ}}^{t_\text{おわり}} F_x \, dt, \qquad I_y = \int_{t_\text{はじめ}}^{t_\text{おわり}} F_y \, dt, \qquad I_z = \int_{t_\text{はじめ}}^{t_\text{おわり}} F_z \, dt \tag{7.10}$$
と表せることを意味します．🚩

7-3 運動量と力積の関係

運動量と力積の間には，常に以下の関係式が成り立ちます．

$$mv_{おわり} - mv_{はじめ} = I \tag{7.11}$$

$v_{はじめ}, v_{おわり}$：はじめ，おわりの物体の速度
m：物体の質量，I：物体が受けた力積の合計

この関係式は，物体が力積を受けると運動量が変化するという意味です．また，次のように変形すると意味がわかりやすくなります．

$$mv_{はじめ} + I = mv_{おわり}$$

はじめ(変化前)はこれだけでした．　途中これだけの力積を受けて，　おわり(変化後)はこうなりました．

この運動量と力積の関係は，<u>どんな物体でも常に成り立つ関係式</u>といえます．なお，この関係式は運動方程式から導かれたものです（まとめのところを参照）．

🚩 発展　一般的な運動量と力積の関係

3次元空間では，運動量と力積の関係も

$$m\vec{v}_{おわり} - m\vec{v}_{はじめ} = \vec{I} \tag{7.12}$$

と，ベクトルで表せます（まとめのところを参照）．🚩

[例題 7.4]

速度 4.0 m/s で動いていた質量 3.0 kg の物体が力により力積を受けて，その速度が 9.0 m/s になったとき，物体がこの力により受けた力積 I を求めなさい．

[解]

運動量と力積の関係より，$3.0 \times 9.0 - 3.0 \times 4.0 = I$．よって，$I = 15$ N·s．

✏️ **コメント**　物理でイコールが成り立つときは，単位まで含めて等しくなります（3-5節を参照）．運動量と力積の関係では，運動量と力積がイコールでつながれています．そのため，運動量と力積の単位も等しくなければいけません．それを確認しましょう．

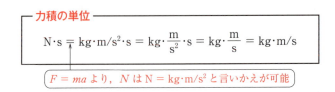

力積の単位

$$N \cdot s = kg \cdot m/s^2 \cdot s = kg \cdot \frac{m}{s^2} \cdot s = kg \cdot \frac{m}{s} = kg \cdot m/s$$

$F = ma$ より，N は $N = kg \cdot m/s^2$ と言いかえが可能

力積の単位は N·s，運動量の単位は kg·m/s です．この2つは一見違って見えますが，力の単位である N（ニュートン）は，運動方程式 $F = ma$ の単位に注目すればわかるように N = kg·m/s^2 と言いかえができます．これを用いて力積の単位を変形すると N·s = kg·m/s^2·s = kg·m/s となり，確かに運動量の単位は一致することが確認できます．🖉

7-4 運動量保存則の導出

質量 m_1，速度 v_1 の物体1が力積 I_1 を受けて速度 v_1' になり，質量 m_2，速度 v_2 の物体2が力積 I_2 を受けて速度 v_2' になるとき，運動量と力積の関係(7.11)より，以下の関係式が成り立ちます．

$$m_1v_1' - m_1v_1 = I_1, \qquad m_2v_2' - m_2v_2 = I_2$$

この2つの式をたすことで，

$$m_1v_1' + m_2v_2' - m_1v_1 - m_2v_2 = I_1 + I_2$$

となりますが，ここで，$I_1 + I_2 = 0$，すなわち物体1と2が受ける力積の合計がゼロのとき，

$$m_1v_1' + m_2v_2' - m_1v_1 - m_2v_2 = 0$$

より，

$$m_1v_1' + m_2v_2' = m_1v_1 + m_2v_2 \tag{7.13}$$

となります．これを運動量の合計が保存されるという意味で，運動量保存則といいます．

ここでは2個の物体を例にとりましたが，N 個の物体1, 2, …, N に対してもまったく同様にして $I_1 + I_2 + \cdots + I_N = 0$，すなわち N 個の物体が受ける力積の合計がゼロのとき，

$$m_1v_1' + m_2v_2' + \cdots + m_Nv_N' = m_1v_1 + m_2v_2 + \cdots + m_Nv_N \tag{7.14}$$

となり，これを**運動量保存則**といいます．

運動量保存則

N 個の物体が受ける力積の合計がゼロのとき，

$$\underbrace{m_1v_1' + m_2v_2' + \cdots + m_Nv_N'}_{\text{おわりの運動量の合計}} = \underbrace{m_1v_1 + m_2v_2 + \cdots + m_Nv_N}_{\text{はじめの運動量の合計}} \tag{7.15}$$

🚩 **発展　一般的な運動量保存則**

3次元空間においても，N 個の物体1, 2, …, N についての運動量と力積の関係

$$m_1\vec{v_1}' - m_1\vec{v_1} = \vec{I_1}$$
$$m_2\vec{v_2}' - m_2\vec{v_2} = \vec{I_2}$$
$$\vdots \qquad\qquad \vdots$$
$$m_N\vec{v_N}' - m_N\vec{v_N} = \vec{I_N}$$

が成り立ちます．そして，$\vec{I_1} + \vec{I_2} + \cdots + \vec{I_N} = \vec{0}$ のとき，すなわち N 個の物体1, 2, …, N が受ける力積の合計がゼロのとき，これらの式をたすことで，

$$m_1\vec{v_1}' + m_2\vec{v_2}' + \cdots + m_N\vec{v_N}' = m_1\vec{v_1} + m_2\vec{v_2} + \cdots + m_N\vec{v_N} \tag{7.16}$$

となり，これを**運動量保存則**といいます．🚩

[例題 7.5]

なめらかな水平面上で，小球 A を静止している小球 B に衝突させるとき，この衝突の前後で水平方向の運動量保存則が成立するか否かを判定しなさい．

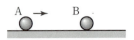

[解]

衝突のとき，A と B の球面同士が接触し，垂直抗力がはたらきます．この垂直抗力は非常に短い時間にはたらく極めて大きな力となり，**撃力**とよばれています．この撃力は（重力や弾性力とは異なり）式で容易に表現することができません．

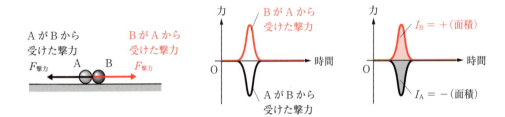

しかし，作用・反作用の法則から，この撃力は常に逆向きで同じ大きさになるので，F-t グラフで表すと上下ひっくり返したグラフになります．そのため，A，B が受ける力積 I_A，I_B は正負の符号が逆になり，その合計がゼロとなります．よって，運動量保存則は成立します．

なお，この撃力のような，注目する物体同士で及ぼしあう力を**内力**といいます．内力は，作用・反作用の法則から，常に互いに逆向きで同じ大きさになります．そのため，内力のみを受ける方向については，この I_A と I_B のように，注目する物体が受ける力積の合計がゼロとなり，運動量保存則が成立します．

● **物理でよく使う用語の解説**

内力と外力

複数の物体に注目するときに，その注目する物体同士で及ぼしあう力を**内力**といい，注目する物体が注目していない物体から受ける力を**外力**といいます．ただし，注目する物体が 1 つしかない場合に「外力」という用語を用いるときには，人やロボットから受ける力といった「人為的に操作できるものから受ける力」を意味することが一般的です．

[例題 7.6]

図のようになめらかな水平面上で，質量 4.0 kg，速度 9.0 m/s の物体 A と質量 2.0 kg，速度 6.0 m/s の物体 B が衝突し，両者が一体となって運動したとき，この速度を求めなさい．

[解]

求める速度を v とすると，運動量保存則より，
$$4.0 \times 9.0 + 2.0 \times 6.0 = (4.0 + 2.0) v$$
よって，$v = 8.0$ m/s．

章 末 問 題

[7.1]

次の(1)〜(3)のそれぞれの場合における物体 A, B, C の運動量 p_A, p_B, p_C を求めなさい．ただし，右向きを正とします．

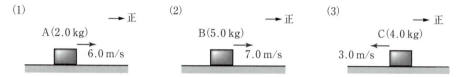

(1) 物体 A の質量が $m_A = 2.0$ kg で速度が $v_A = 6.0$ m/s のとき
(2) 物体 B の質量が $m_B = 5.0$ kg で速度が $v_B = 7.0$ m/s のとき
(3) 物体 C の質量が $m_C = 4.0$ kg で速度が $v_C = -3.0$ m/s のとき

[7.2]

次の(1)〜(3)のそれぞれの場合における物体 A, B, C が受けた力積 I_A, I_B, I_C を計算しなさい．ただし，右向きを正とします．

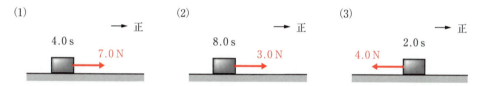

(1) 物体 A が一定の力 $F_A = 7.0$ N を時間 $\Delta t_A = 4.0$ s の間受けた場合
(2) 物体 B が一定の力 $F_B = 3.0$ N を時間 $\Delta t_B = 8.0$ s の間受けた場合
(3) 物体 C が一定の力 $F_C = -4.0$ N を時間 $\Delta t_C = 2.0$ s の間受けた場合

[7.3]

物体がはじめ一定の力 $F_1 = 5.0$ N を時間 $\Delta t_1 = 2.0$ s の間受け，次に一定の力 $F_2 = 3.0$ N を時間 $\Delta t_2 = 4.0$ s の間受け，最後に一定の力 $F_3 = 6.0$ N を時間 $\Delta t_3 = 3.0$ s の間受けたとき，はじめから最後までに物体が受ける力積 I を求めなさい．ただし，右向きを正とします．

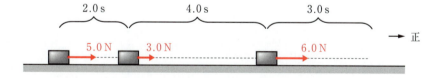

[7.4]

速度 3.0 m/s で動いていた質量 2.0 kg の物体が力により力積を受けて，その速度が 9.0 m/s になったとき，物体がこの力により受けた力積 I を求めなさい．

[7.5]

水平な床の上に台Bを，Bの水平な上面に物体Aを置き，Aのみに初速を与えたとき，AとBについて水平方向に運動量保存則が成立するかしないかを，次の(1), (2)の場合に判定しなさい．

(1) AとBの間には摩擦があるが，Bと床の間には摩擦がない場合
(2) AとBの間にも，Bと床の間にも摩擦がある場合

[7.6]

図のようになめらかな水平面上で，質量2.0 kg，速度6.0 m/sの物体Aを静止していた質量1.0 kgの物体Bに衝突させ，両者が一体となって運動したとき，この速度を求めなさい．

8 運動エネルギー

本章では，まず運動エネルギーと仕事とは何かについて学びます．仕事の定義も力積と同様に難しい数学を使いますので，単純な状況下での定義からはじめて少しずつ複雑にしていき，一般の定義にたどりつく方式で学びます．その後，両者をつなぐ法則である運動エネルギーと仕事の関係を学びます．

8-1 運動エネルギー

質量 m [kg] の物体が速さ v [m/s] で運動しているとき，物体は**運動エネルギー** $\frac{1}{2}mv^2$ [J] をもつといいます（単位 J はジュールと読みます）．また，一般に運動エネルギーは K という記号を用いて表します．まとめると，次のようになります．

運動エネルギー K

$$K = \frac{1}{2}mv^2 \quad (m:質量,\ v:速さ) \tag{8.1}$$

運動エネルギーは物体の質量が大きいほど，また，速さが大きいほど大きくなります．このことから，運動エネルギーは運動量と同じく，物体のもつ"勢い"を表す量だと考えることができます．なお，運動量は正，負の値をとることで向きの情報を含んでいましたが，運動エネルギーは負の値をとれず，向きの情報を含んでいません．

> 運動エネルギーは，向きの情報を含まない，物体のもつ"勢い"

[例題 8.1]
次の(1)と(2)の場合における物体 A，B の運動エネルギー K_A，K_B を求めなさい．

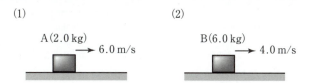

(1) 物体 A の質量が $m_A = 2.0$ kg で，速さが $v_A = 6.0$ m/s のとき
(2) 物体 B の質量が $m_B = 6.0$ kg で，速さが $v_B = 4.0$ m/s のとき

[解]
運動エネルギーの定義をそのまま用いれば求められます．

(1) $K_A = \frac{1}{2}m_A v_A^2 = \frac{1}{2} \times 2.0 \times 6.0^2 = 36$ J (2) $K_B = \frac{1}{2}m_B v_B^2 = \frac{1}{2} \times 6.0 \times 4.0^2 = 48$ J

8-2 仕　事

単純な状況下での仕事 (1)

　図のように，物体に一定の力 F [N] が加わり，力の向きに距離 Δx [m] 移動した場合，物体に**仕事 $F \Delta x$ [J]** をした（または物体が仕事 $F \Delta x$ [J] をされた）といいます．単位 J は，運動エネルギーの単位と同じく，ジュールと読みます．また，一般に仕事は W という記号を用いて表します．まとめると，次のようになります．

$$
\boxed{\begin{array}{l} \text{仕事 } W \\[4pt] \quad W = F \Delta x \quad (F：\text{一定の力}, \Delta x：\text{距離}) \\ \quad (\text{ただし，力の向きと移動の向きが同じとする．}) \end{array}} \tag{8.2}
$$

　仕事は力が大きいほど，また，その力が長い距離加わるほど大きくなります．このことから，仕事は"力の移動効果"を表す量だと考えることができます．

 仕事は，"力の移動効果"

📝 **コメント**　$W = F \Delta x$ という仕事の定義には，力の大きさが一定であり，しかも力の向きが移動の向きと同じという前提があることに注意しましょう．力の大きさが変化しても，力の向きが変わっても，この定義は使えません．

$$W = F \Delta x \quad \longleftarrow \quad \text{力 } F \text{ が一定で，力と移動の向きが同じときだけ！}$$

［例題 8.2］
次の (1), (2) の場合の物体 A, B がされた仕事 W_A, W_B を求めなさい．

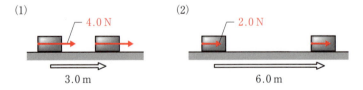

(1)　物体 A に大きさ $F_A = 4.0$ N の一定の力が加わり，力の向きに距離 $\Delta x_A = 3.0$ m 移動した場合

(2)　物体 B に大きさ $F_B = 2.0$ N の一定の力が加わり，力の向きに距離 $\Delta x_B = 6.0$ m 移動した場合

［解］
　仕事の定義をそのまま用いれば求められます．
(1)　$W_A = F_A \Delta x_A = 4.0 \times 3.0 = 12$ J　　(2)　$W_B = F_B \Delta x_B = 2.0 \times 6.0 = 12$ J

単純な状況下での仕事 (2)

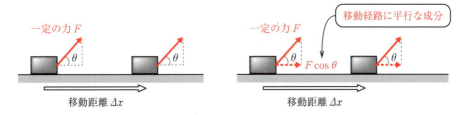

さきほどの定義では，力の向きと移動の向きが同じ場合を扱いました．左図のように，物体に一定の力 F [N] が加わり，この力と角度 θ [rad] をなす向きに距離 Δx [m] 移動した場合，力の移動経路に平行な成分 $F\cos\theta$ [N] を用いて（右図を参照），物体に**仕事** $W = F\cos\theta\, \Delta x$ [J] をした（または物体が仕事 $F\cos\theta\, \Delta x$ [J] をされた）といいます．

$$W = F\cos\theta\, \Delta x \quad (F：一定の力,\ \Delta x：距離,\ \theta：角度)$$
（ただし，力の向きと移動の向きのなす角度 θ が一定とする．） (8.3)

つまり，仕事は（力の移動経路に平行な成分）×（移動距離）ともいえます．なお，この「力の移動経路に平行な成分」では言葉として長いので，本書では今後は「力の移動成分」ということにします．

仕事
（力の移動成分）×（移動距離）
（ただし，力の移動成分が一定とする．）

✏️ **コメント** この（力の移動成分）×（移動距離）および $W = F\cos\theta\, \Delta x$ という仕事の定義には，力の移動成分（$F\cos\theta$）が一定という前提があることに注意しましょう．

[例題 8.3]
次の(1)〜(3)の場合の物体 A，B，C がされた仕事 W_A，W_B，W_C を求めなさい．

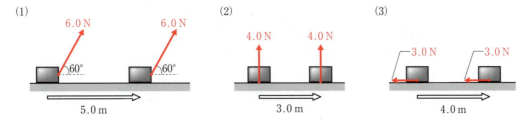

(1) 物体 A に大きさ $F_\mathrm{A} = 6.0\,\mathrm{N}$ の一定の力が加わり，力の向きと 60° の角度をなす向きに距離 $\Delta x_\mathrm{A} = 5.0\,\mathrm{m}$ 移動した場合

(2) 物体 B に大きさ $F_\mathrm{B} = 4.0\,\mathrm{N}$ の一定の力が加わり，力と垂直な向きに距離 $\Delta x_\mathrm{B} = 3.0\,\mathrm{m}$ 移動した場合

(3) 物体 C に大きさ $F_\mathrm{C} = 3.0\,\mathrm{N}$ の一定の力が加わり，力と逆向きに距離 $\Delta x_\mathrm{C} = 4.0\,\mathrm{m}$ 移動した場合

[解]

(1) 力の移動成分が $6.0\cos 60° = 3.0\,\mathrm{N}$ となるので，
$$W_\mathrm{A} = 3.0 \times 5.0 = 15\,\mathrm{J}$$

(2) 力の移動成分が $0\,\mathrm{N}$ となるので，
$$W_\mathrm{B} = 0\,\mathrm{J}$$
（$W = F\cos\theta\,\Delta x$ から，$W_\mathrm{B} = 4.0\cos 90° \times 3.0 = 0\,\mathrm{J}$ と考えてもよい．）

(3) 力の移動成分が（逆向きなので）$-3.0\,\mathrm{N}$ より，
$$W_\mathrm{C} = -3.0 \times 4.0 = -12\,\mathrm{J}$$
（$W = F\cos\theta\,\Delta x$ から，$W_\mathrm{C} = 3.0\cos 180° \times 4.0 = -12\,\mathrm{J}$ と考えてもよい．）

なお，(2)は垂直抗力，(3)は動摩擦力がその例です．

移動にともなって力が変化する場合を考えるために，次の例題を考えてみましょう．

[例題 8.4]

物体が直線上を右向きに移動しています．はじめの距離 Δx_1 では角度 θ_1 の向きに大きさ F_1 の一定の力が加わり，次の距離 Δx_2 では角度 θ_2 の向きに大きさ F_2 の一定の力が加わり，最後の距離 Δx_3 では角度 θ_3 の向きに大きさ F_3 の一定の力が加わるとき，はじめから最後までに物体がされた仕事 W を求めなさい．

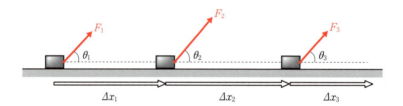

[解]

力の移動成分が一定の区間ごとに，（力の移動成分）×（移動距離）を計算して，それらをたし算すれば求められます．

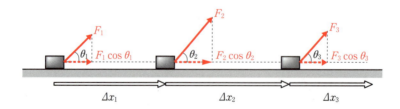

$$W = F_1\cos\theta_1\,\Delta x_1 + F_2\cos\theta_2\,\Delta x_2 + F_3\cos\theta_3\,\Delta x_3$$

この [例題 8.4] において，物体に力がはたらくようすを，縦軸を力の移動成分 F，横軸を移動距離 x にとったグラフにすると次のページの図のようになり，灰色部分の面積（3つの長方形の面積の合計）が，始点から終点までに力が物体にした仕事と一致します．

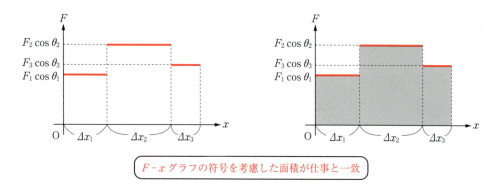

F-xグラフの符号を考慮した面積が仕事と一致

次に，物体が移動する経路が直線ではない例を考えましょう．

[例題 8.5]

図のように，物体に力を加えて始点から区間 1〜4 を通って終点まで移動させます．各区間は線分であり，その距離は $\Delta r_1, \Delta r_2, \Delta r_3, \Delta r_4$ で表され，各区間で加える力の向きおよび大きさ F_1, F_2, F_3, F_4 はそれぞれ区間内で一定値をとるとします．また，各区間内で加える力と移動方向のなす角度を $\theta_1, \theta_2, \theta_3, \theta_4$ とするとき，始点から終点までに力が物体にした仕事 W を求めなさい．

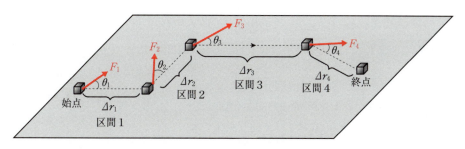

[解]

力の移動成分が一定の区間ごとに，(力の移動成分)×(移動距離) を計算して，それらをたし算すれば求められます．

$$W = F_1 \cos\theta_1 \Delta r_1 + F_2 \cos\theta_2 \Delta r_2 + F_3 \cos\theta_3 \Delta r_3 + F_4 \cos\theta_4 \Delta r_4$$

この [例題 8.5] において，物体に力がはたらくようすを，縦軸を力の移動成分 F，横軸を移動距離 x にとったグラフにすると図のようになり，灰色部分の面積（4 つの長方形の面積の合計）が，始点から終点までに力が物体にした仕事と一致します．

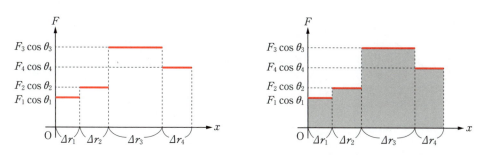

一般的な仕事の定義も，この [例題 8.5] を参考にして考えればわかりやすいです．

一般の状況下での仕事 (1)

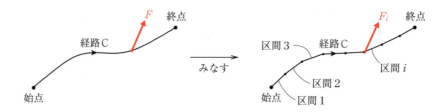

経路 C (向きつきの曲線) を図のような微小な区間 1, 2, 3, …, i, … に分割します. このときのポイントは次のとおりです.

> ・それぞれの区間が線分 (まっすぐ) とみなせるほど細かく分割する.
> ・それぞれの区間で力が一定とみなせるほど細かく分割する.

そして, それぞれの区間における (力の移動成分) × (移動距離) をたしあわせた

$$W = F_1 \cos\theta_1 \Delta r_1 + F_2 \cos\theta_2 \Delta r_2 + F_3 \cos\theta_3 \Delta r_3 + \cdots + F_i \cos\theta_i \Delta r_i + \cdots \quad (8.4)$$

が仕事の定義となります. これは $\sum$ の記号と $\lim$ の記号を用いると,

$$W = \lim_{n\to\infty} \sum_{i=1}^{n} F_i \cos\theta_i \Delta r_i \quad (8.5)$$

と表すこともできますし, **線積分**とよばれる数学の記号を用いて

$$W = \int_C F \cos\theta \, dr \quad (8.6)$$

と表すこともできます (C とは経路 C のことを表します). 記号が難しく見えるかもしれませんが, (8.4)〜(8.6) の 3 つの式はすべて同じ意味です.

要するに,

(力の移動成分) × (移動距離)

を, それぞれの区間ごとに考えて, それらをたしあわせているのが仕事の意味です.

さて, 移動に伴い力が変化するようすが左図のような F-x グラフで表されたとします (F:物体が受ける力の移動成分, x:移動距離). このとき, 力が一定とみなせるぐらいの微小な区間 $\Delta r_1, \Delta r_2, \Delta r_3, \cdots$ で区切って考えるということは, 右図のようにカクカクとしたグラフとみなすことに対応します.

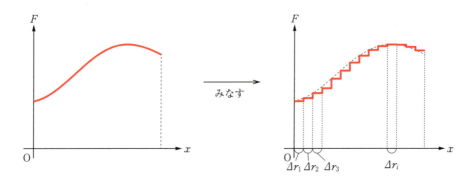

そして, その仕事はグラフのつくる細長い長方形の面積の合計に一致しています.

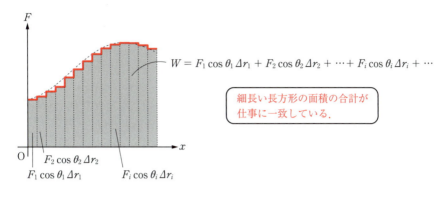

容易にわかるように，Δr_i を非常に細かくしていけばいくほど，これはそもそもの F-x グラフの面積に一致していきます．もちろん，F が負ならばマイナスの符号をつけた面積になります．

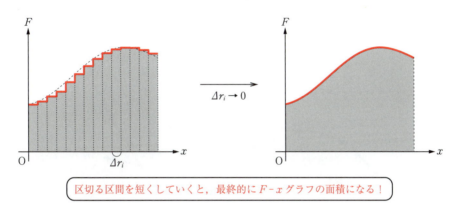

以上をまとめると次のようになります．

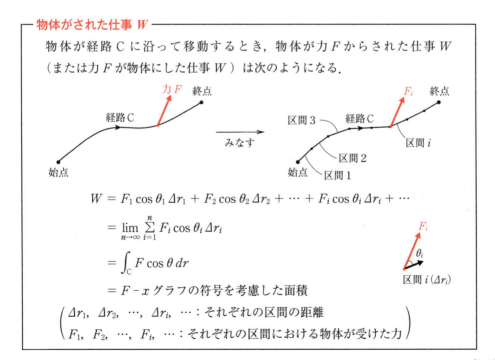

(8.7)

このように，仕事には様々な表現の仕方がありますが，大事なことは，これらがすべて同じ意味ということです．

一般の状況下での仕事 (2)

仕事の定義 (8.7) は内積という数学を使えば，さらに言いかえができます．内積とは何かを簡単にまとめると次のとおりです（詳しくは，付録 4 の A4-6 節を参照）．

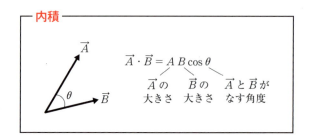

ここで，図のような $\Delta\vec{r_i}$ という大きさが区間 i の距離 Δr_i となるベクトルを用意すると，

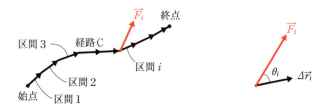

$F_i \cos\theta_i \Delta r_i$ は
$$F_i \cos\theta_i \Delta r_i = \vec{F_i} \cdot \Delta\vec{r_i}$$
と内積で表すことができるので，仕事の定義 (8.4)
$$W = F_1 \cos\theta_1 \Delta r_1 + F_2 \cos\theta_2 \Delta r_2 + F_3 \cos\theta_3 \Delta r_3 + \cdots + F_i \cos\theta_i \Delta r_i + \cdots$$
は，
$$W = \vec{F_1} \cdot \Delta\vec{r_1} + \vec{F_2} \cdot \Delta\vec{r_2} + \vec{F_3} \cdot \Delta\vec{r_3} + \cdots + \vec{F_i} \cdot \Delta\vec{r_i} + \cdots \tag{8.8}$$
と表すことができます．さきほどと同様にして，Σ の記号と lim の記号を用いると，
$$W = \lim_{n\to\infty} \sum_{i=1}^{n} \vec{F_i} \cdot \Delta\vec{r_i} \tag{8.9}$$
と表すこともできますし，線積分の記号を用いて
$$W = \int_C \vec{F} \cdot d\vec{r} \tag{8.10}$$
と表すこともできます．難しく見えるかもしれませんが，やはり (8.8) 〜 (8.10) の 3 つの式はすべて同じ意味です．

物体がされた仕事 W（内積を用いた表し方）

物体が経路 C に沿って移動するとき，物体が力 F からされた仕事 W（または力 F が物体にした仕事 W）は次のようになる．

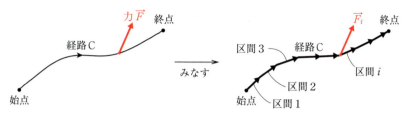

$$W = \vec{F_1} \cdot \Delta\vec{r_1} + \vec{F_2} \cdot \Delta\vec{r_2} + \cdots + \vec{F_i} \cdot \Delta\vec{r_i} + \cdots$$
$$= \lim_{n \to \infty} \sum_{i=1}^{n} \vec{F_i} \cdot \Delta\vec{r_i}$$
$$= \int_C \vec{F} \cdot d\vec{r}$$

$\begin{pmatrix} \Delta\vec{r_1},\ \Delta\vec{r_2},\ \cdots,\ \Delta\vec{r_i},\ \cdots : それぞれの区間を表す微小なベクトル \\ \vec{F_1},\ \vec{F_2},\ \cdots,\ \vec{F_i},\ \cdots : それぞれの区間における物体が受けた力 \end{pmatrix}$

(8.11)

🚩 発展　仕事率を用いた仕事の定義

$\Delta\vec{r_i}$ を物体の速度 $\vec{v_i}$ と微小時間 Δt_i を用いて，$\Delta\vec{r_i} = \vec{v_i} \Delta t_i$ と表すことで，物体が受ける仕事 W を

$$W = \vec{F_1} \cdot \vec{v_1} \Delta t_1 + \vec{F_2} \cdot \vec{v_2} \Delta t_2 + \cdots + \vec{F_i} \cdot \vec{v_i} \Delta t_i + \cdots$$
$$= \lim_{n \to \infty} \sum_{i=1}^{n} \vec{F_i} \cdot \vec{v_i} \Delta t_i$$
$$= \int_{t_{はじめ}}^{t_{おわり}} \vec{F} \cdot \vec{v}\, dt \tag{8.12}$$

とも表せます．この場合，積分区間は始点の時刻 $t_{はじめ}$ と終点の時刻 $t_{おわり}$ を用いて表します．この $\vec{F} \cdot \vec{v}$ のことを**仕事率**といい，その単位は W（ワット）と表します．なお，直線上の運動などで $\vec{F}$ と $\vec{v}$ が同じ向きの場合は $\vec{F} \cdot \vec{v} = Fv \cos 0 = Fv$ となるので

$$W = \int_{t_{はじめ}}^{t_{おわり}} Fv\, dt \tag{8.13}$$

と表せます． 🚩

物理ではなるべくシンプルな表し方が望まれます．仕事の定義は様々な表し方がありますが，その中でも最もシンプルなのは，内積を用いた

$$W = \int_C \vec{F} \cdot d\vec{r} \tag{8.14}$$

であり，これが一番よく用いられます．「物体を経路 C に沿って移動させるとき，力 $\vec{F}$ が物体にした仕事」という意味です．

> (8.7), (8.11), (8.14)はすべて同じ意味だよ．
> 要するに，（仕事）＝（力の移動成分）×（移動距離）．

✏️ コメント　物理は自然現象をなるべくシンプルに記述することを目指している学問です．

8-3 運動エネルギーと仕事の関係

運動エネルギーと仕事の間には，常に次の関係式が成り立ちます．

運動エネルギーと仕事の関係

$$\frac{1}{2}mv_{\text{おわり}}^2 - \frac{1}{2}mv_{\text{はじめ}}^2 = W$$

$v_{\text{はじめ}}, v_{\text{おわり}}$：はじめ，おわりの物体の速さ
m：物体の質量，W：物体がされた仕事の合計

(8.15)

この関係式は，物体が仕事をされると運動エネルギーが変化するという意味です．また，次のように変形すると意味がわかりやすくなります．

$$\underbrace{\frac{1}{2}mv_{\text{はじめ}}^2}_{\text{はじめ（変化前）はこれだけでした．}} + \underbrace{W}_{\text{途中これだけの仕事を受けて，}} = \underbrace{\frac{1}{2}mv_{\text{おわり}}^2}_{\text{おわり（変化後）はこうなりました．}}$$

この運動エネルギーと仕事の関係は<u>どんな物体でも常に成り立つ関係式</u>といえます．なお，この関係式は，運動方程式から導かれるものです（まとめのところを参照）．

[例題 8.6]

速さ 4.0 m/s で動いていた質量 2.0 kg の物体が力により仕事をされて，その速さが 5.0 m/s になった．この力が物体にした仕事 W を求めなさい．

[解]

運動エネルギーと仕事の関係より，$\dfrac{1}{2} \times 2.0 \times 5.0^2 - \dfrac{1}{2} \times 2.0 \times 4.0^2 = W$　よって，$W = 9.0$ J

✏️ **コメント**　運動エネルギーも仕事も同じ J（ジュール）という単位を用いていますが，それぞれを定義をもとに単位の書きかえをすると次のようになります．

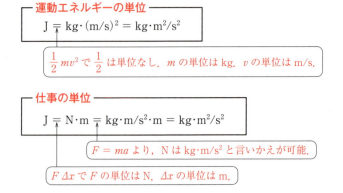

確かに，両者とも変形すると kg·m²/s² となり，単位は一致しています．

[例題 8.7]

図のように，あらい水平な床の上に質量 m の物体を静かに置き，人がこの物体を水平右向きに一定の大きさ F_0 の力で引っ張り続け，床に沿って右向きに距離 Δx だけ移動させたとします．このとき，物体は鉛直下向きに一定の大きさ mg の重力を，鉛直上向きに一定の大きさ N の垂直抗力を，水平左向きに一定の大きさ $\mu' N$ の動摩擦力を受けたとして，次の問いに答えなさい．ただし，μ' は物体と床との間の動摩擦係数，g は重力加速度の大きさとします．

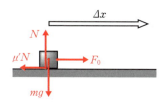

(1) 物体が人の力からされた仕事 W_1 を求めなさい．
(2) 物体が重力からされた仕事 W_2 を求めなさい．
(3) 物体が垂直抗力からされた仕事 W_3 を求めなさい．
(4) 物体が動摩擦力からされた仕事 W_4 を求めなさい．
(5) 距離 Δx 移動した瞬間の物体の速さ v を F_0, m, μ', g, Δx を用いて求めなさい．

[解]

(1) $W_1 = F_0 \Delta x$

(2) $W_2 = 0$

(3) $W_3 = 0$

(4) $W_4 = -\mu' N \Delta x$

または，力のつりあいより，$N = mg$ を用いて，$W_4 = -\mu' mg \Delta x$．

(5) 運動エネルギーと仕事の関係より，$\frac{1}{2}mv^2 - \frac{1}{2}m \cdot 0^2 = W_1 + W_2 + W_3 + W_4$

W_1 から W_4 を代入して整理すると，$v^2 = \dfrac{2(F_0 - \mu' mg)\Delta x}{m}$

$v > 0$ より $v = \sqrt{\dfrac{2(F_0 - \mu' mg)\Delta x}{m}}$．

✏️ **コメント** W_1 から W_4 はすべて力が一定なので，(仕事) = (力の移動成分) × (移動距離) を使って仕事が計算できます．

━━━━━━━━ **コラム ($W = F\cos\theta\, \Delta x$ の解釈)** ━━━━━━━━

物体は，速度と同じ向きに力を受けると速くなり，逆向きに力を受けると遅くなります．つまり，物体は速度に対して平行に力が加わると，その速度の大きさが変化します．

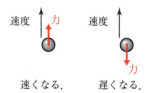

速度に対して平行に力を受けると速度の大きさが変わる．

これに対して，物体がその速度に垂直な向きに力を受けると，その速度の大きさは変わらず，向きが変化します．

本章の仕事の定義に出てくる $F\cos\theta$ は力の速度に平行な成分なので，物体の速度の大きさ（つまり速さ）を変える成分ともいえます．このことから，仕事 $F\cos\theta\,\Delta x$ とは，物体の速度の大きさを変える力の成分と，その移動距離をかけ算したものだと解釈ができます．なお，$F\sin\theta$ は速度の向きを変えるだけなので，仕事の定義には用いません．

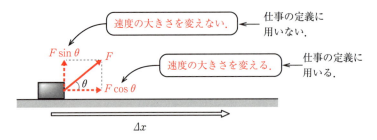

✏️ **コメント** 物体が速度に対して常に直角な向きに一定の大きさの力を受け続けると，その速度の向きだけが一定の割合で変化し続けます．その結果，等速円運動をします．

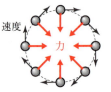

章 末 問 題

[8.1]
次の(1)と(2)の場合における物体 A,B の運動エネルギー K_A, K_B を求めなさい．
(1) 物体 A の質量が $m_A = 4.0\,\mathrm{kg}$ で，速さが $v_A = 3.0\,\mathrm{m/s}$ のとき
(2) 物体 B の質量が $m_B = 2.0\,\mathrm{kg}$ で，速さが $v_B = 7.0\,\mathrm{m/s}$ のとき

[8.2]
次の(1),(2)の場合の物体 A,B がされた仕事 W_A, W_B を求めなさい．

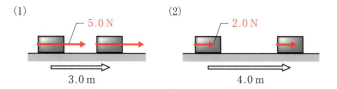

(1) 物体 A に大きさ $F_A = 5.0\,\mathrm{N}$ の一定の力が加わり，力の向きに距離 $\Delta x_A = 3.0\,\mathrm{m}$ 移動した場合
(2) 物体 B に大きさ $F_B = 2.0\,\mathrm{N}$ の一定の力が加わり，力の向きに距離 $\Delta x_B = 4.0\,\mathrm{m}$ 移動した場合

[8.3]
次の(1),(2)の場合の物体 A,B がされた仕事 W_A, W_B を求めなさい．

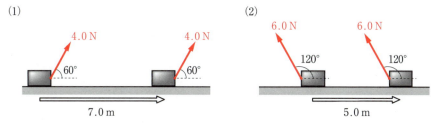

(1) 物体 A に大きさ $F_A = 4.0\,\mathrm{N}$ の一定の力が加わり，力の向きと $60°$ の角度をなす向きに距離 $\Delta x_A = 7.0\,\mathrm{m}$ 移動した場合
(2) 物体 B に大きさ $F_B = 6.0\,\mathrm{N}$ の一定の力が加わり，力の向きと $120°$ の角度をなす向きに距離 $\Delta x_B = 5.0\,\mathrm{m}$ 移動した場合

[8.4]
物体が直線上を右向きに移動しています．はじめの距離 Δx_1 では角度 θ_1 の向きに大きさ F_1 の一定の力が加わり，次の距離 Δx_2 では角度 θ_2 の向きに大きさ F_2 の一定の力が加わり，その次の距離 Δx_3 では角度 θ_3 の向きに大きさ F_3 の一定の力が加わり，最後の距離 Δx_4 では角度 θ_4 の向きに大きさ F_4 の一定の力が加わるとします．このとき，はじめから最後までで物体がされた仕事 W を求めなさい．

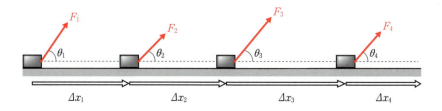

[8.5]

図のように，物体に力を加えて始点から区間 1〜4 を通って終点まで移動させます．各区間は線分であり，その距離は Δr_1, Δr_2, Δr_3, Δr_4 で表され，各区間で加える力の大きさ F_1, F_2, F_3, F_4 はそれぞれ区間内で一定値をとり，その向きは移動経路と同じとします．このとき，始点から終点までに力が物体にした仕事 W を求めなさい．

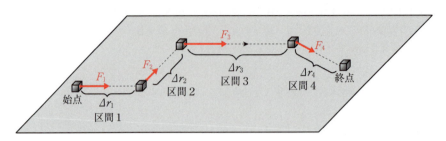

[8.6]

速さ $3.0\,\mathrm{m/s}$ で動いていた質量 $4.0\,\mathrm{kg}$ の物体が力により仕事を受けて，その速さが $4.0\,\mathrm{m/s}$ になったとき，この力が物体にした仕事 W を求めなさい．

[8.7]

図のように，傾斜角 θ の粗い斜面上の点 A に質量 m の物体を置き，斜面に沿って上向きに初速 v_0 を与えたところ，点 A から距離 Δx 離れた点 B で速さがゼロになりました．動摩擦係数を μ'，重力加速度の大きさを g とし，以下の問いに答えなさい．ただし，空気抵抗は無視できるものとします．

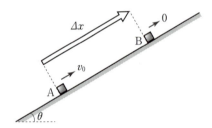

(1) 物体が点 A から点 B に行くまでの間に，動摩擦力が物体にした仕事を m, μ', g, Δx, θ を用いて求めなさい．
(2) 点 A, B 間の距離 Δx を v_0, μ', g, θ を用いて求めなさい．

力学的エネルギー

　本章では，第8章で学んだ仕事をもとに保存力とよばれる力を定義し，この力をもとに位置エネルギーを定義します．また，運動エネルギーと位置エネルギーをたしあわせたものとして力学的エネルギーを定義します．そして，運動エネルギーと仕事の関係をもとに力学的エネルギーと非保存力の仕事の関係を導出し，そこから力学的エネルギー保存則を導出します．

9-1 保存力

　一般に，仕事は経路（行き方）によって異なりますが，始点と終点が同じでどの経路に沿って行っても仕事が同じ値になるとき，その力を**保存力**とよびます．重力やばねの弾性力が保存力の例です．

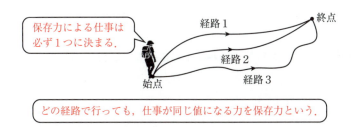

これに対し，保存力ではない力を**非保存力**といいます．

[例題 9.1]

　経路 1, 2 において，質量 m の物体を始点から終点まで動かすとき，重力がした仕事 W_1, W_2 を求めなさい．ただし，終点に対する始点の高さを h とし，重力加速度の大きさを g とします．

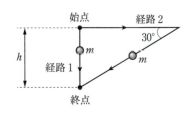

[解]

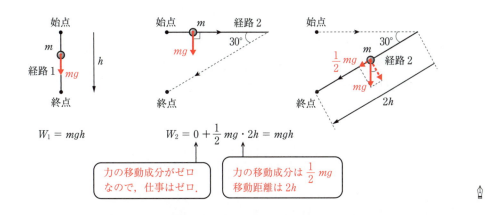

コラム（保存力を考えることの意味）

仕事を考えるとき，一般の力の場合は途中の経路をきちんと指定しなければいけません．しかし，保存力の場合はスタート地点（始点）とゴール地点（終点）というたった2点を指定しただけで，その仕事が1つに決まります．

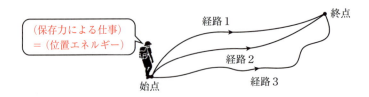

そのため保存力の場合は，物体がスタート地点にいる時点で，「ゴールまで移動させたら（どんな経路をとろうが）これだけの仕事をされますよ」ということが保証されています．これは言い方を変えれば，「物体は保存力によってこれだけの仕事をされる可能性をもっている」といえます．この保存力による仕事こそが，次の節で述べる位置エネルギーに対応しています．

9-2 位置エネルギー

ある基準点 P_0 を決めて，一般の位置（点）Pから基準点 P_0 まで物体を移動させるとき，保存力 $\vec{F}_{保存力}$ が物体にする仕事を点Pにおける物体のもつ**位置エネルギー**とよび，$U(P)$ と表します．

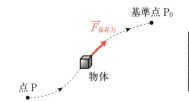

点Pにおける位置エネルギー $U(P)$
物体を点Pから基準点 P_0 まで移動させるときに
保存力 $\vec{F}_{保存力}$ が物体にする仕事

第8章で学んだ内積を用いた仕事の定義 (8.14) を用いて，これを式で表すと，

$$U(P) = \int_P^{P_0} \vec{F}_{保存力} \cdot d\vec{r} \tag{9.1}$$

物体を点Pから基準点 P_0 まで移動させるとき，保存力 $\vec{F}_{保存力}$ が物体にする仕事が，点Pにおける位置エネルギー $U(P)$ の定義．

となります．この積分は保存力によるものなので，経路によらず一定値をとるため，始点Pと終点 P_0 のみを書き，経路については明示しない表し方にしています．

また，この積分は始点と終点を逆転させて，

$$U(P) = -\int_{P_0}^P \vec{F}_{保存力} \cdot d\vec{r} = \int_{P_0}^P (-\vec{F}_{保存力}) \cdot d\vec{r} \tag{9.2}$$

(9.1)と，始点と終点を逆にしたのでマイナスがつく．　そのマイナスを積分の中に入れた．

とも表せます．

そして，この $-\vec{F}_{保存力}$ は図のように保存力につりあう外力（人の力），すなわち $\vec{F}_{保存力}$ と逆向きで同じ大きさの外力 $\vec{F}_{外力}$ と考えることができます．

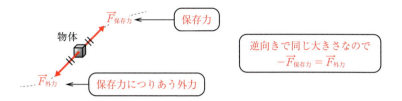

そのため，この (9.2) で表される $U(\mathrm{P})$ は，

$$U(\mathrm{P}) = \int_{\mathrm{P}_0}^{\mathrm{P}} (-\vec{F}_{保存力}) \cdot d\vec{r} = \int_{\mathrm{P}_0}^{\mathrm{P}} \vec{F}_{外力} \cdot d\vec{r} \tag{9.3}$$

物体を基準点 P_0 から点 P まで移動させるとき，保存力につりあう外力 $\vec{F}_{外力}$ が物体にする仕事が，点 P における物体の位置エネルギー $U(\mathrm{P})$ の定義．

と変形ができ，基準点 P_0 から点 P まで物体を移動させたときに，保存力につりあう外力 $\vec{F}_{外力}$ が物体にする仕事とも考えることができます．

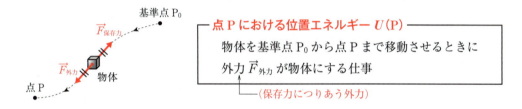

―― 点 P における位置エネルギー $U(\mathrm{P})$ ――
物体を基準点 P_0 から点 P まで移動させるときに外力 $\vec{F}_{外力}$ が物体にする仕事
（保存力につりあう外力）

位置エネルギーの定義 (9.1)，(9.3) をまとめると次のようになります．

―― 点 P における位置エネルギー $U(\mathrm{P})$ ――

物体を点 P から基準点 P_0 まで移動させるときに，保存力が物体にする仕事

$$U(\mathrm{P}) = \int_{\mathrm{P}}^{\mathrm{P}_0} \vec{F}_{保存力} \cdot d\vec{r} \tag{9.1}$$

物体を基準点 P_0 から点 P まで移動させるときに，保存力につりあう外力が物体にする仕事

$$U(\mathrm{P}) = \int_{\mathrm{P}_0}^{\mathrm{P}} (-\vec{F}_{保存力}) \cdot d\vec{r} = \int_{\mathrm{P}_0}^{\mathrm{P}} \vec{F}_{外力} \cdot d\vec{r} \tag{9.3}$$

位置エネルギーの例

　位置エネルギーの代表的な例として，**重力による位置エネルギー**と**ばねによる位置エネルギー**についてまとめると次のようになります．なお，ばねによる位置エネルギーは**弾性エネルギー**ともよばれます．

位置エネルギーの例

　重力による位置エネルギー

　　mgh （m：質量，g：重力加速度の大きさ，h：高さ）

　ばねによる位置エネルギー（弾性エネルギー）

　　$\frac{1}{2}kx^2$ （k：ばね定数，x：ばねの伸びまたは縮み）

これらの位置エネルギーについては章末問題 [9.3], [9.4] を参照してね．

9-3 保存力がする仕事と位置エネルギーの関係式

　さて，保存力が物体にする仕事と位置エネルギーの間には，9-2 節までの話とはまた別の，ある関係式が常に成り立ちます．それを導出しましょう．

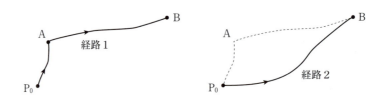

　左図のように，基準点 P_0 から点 A を通って点 B に達する経路 1 を考えます．このとき，保存力 $\vec{F}_{保存力}$ が物体にする仕事を W_1 とおくと，仕事の定義(8.14)より，W_1 は

$$W_1 = \int_{P_0}^{A} \vec{F}_{保存力} \cdot d\vec{r} + \int_{A}^{B} \vec{F}_{保存力} \cdot d\vec{r}$$

（基準点 P_0 から点 A まで移動させるとき，保存力 $\vec{F}_{保存力}$ が物体にする仕事）　（点 A から点 B まで移動させるとき，保存力 $\vec{F}_{保存力}$ が物体にする仕事）

と表せます．

　一方で，右図のように基準点 P_0 から点 A を通らずに点 B に達する経路 2 を考えます．このとき，保存力 $\vec{F}_{保存力}$ が物体にする仕事を W_2 とおくと，同じく仕事の定義(8.14)より，W_2 は

$$W_2 = \int_{P_0}^{B} \vec{F}_{保存力} \cdot d\vec{r}$$

（点 P_0 から点 B まで移動させるとき，保存力 $\vec{F}_{保存力}$ が物体にする仕事）

と表せます．

経路 1 も 2 も始点はともに基準点 P_0，終点はともに点 B で，同じ始点と終点をもつため，保存力の定義から $W_1 = W_2$ となります．すなわち，

$$\int_{P_0}^{A} \vec{F}_{保存力} \cdot d\vec{r} + \int_{A}^{B} \vec{F}_{保存力} \cdot d\vec{r} = \int_{P_0}^{B} \vec{F}_{保存力} \cdot d\vec{r} \tag{9.4}$$

が成り立ちます．

ここで 9-2 節の位置エネルギーの定義 (9.3) より，点 A，B の位置エネルギー $U(A)$，$U(B)$ を

$$U(A) = -\int_{P_0}^{A} \vec{F}_{保存力} \cdot d\vec{r}, \qquad U(B) = -\int_{P_0}^{B} \vec{F}_{保存力} \cdot d\vec{r}$$

と表せるので，これを，

$$\int_{P_0}^{A} \vec{F}_{保存力} \cdot d\vec{r} = -U(A), \qquad \int_{P_0}^{B} \vec{F}_{保存力} \cdot d\vec{r} = -U(B)$$

と変形して (9.4) に代入すると，

$$-U(A) + \int_{A}^{B} \vec{F}_{保存力} \cdot d\vec{r} = -U(B)$$

より，

$$\int_{A}^{B} \vec{F}_{保存力} \cdot d\vec{r} = U(A) - U(B) \tag{9.5}$$

を得ます．

この点 A をはじめの点，点 B をおわりの点とみなすと，左辺ははじめからおわりまでに保存力が物体にする仕事を表すので，これを $W_{保存力}$ と表すことにします．また，右辺の $U(A)$，$U(B)$ は，はじめ，おわりの点の位置エネルギーを表すので，$U(A)$ を $U_{はじめ}$，$U(B)$ を $U_{おわり}$ と表すことにすると，

$$W_{保存力} = U_{はじめ} - U_{おわり} \tag{9.6}$$

という関係が得られます．これを，**保存力がする仕事と位置エネルギーの関係式**といいます．

保存力がする仕事と位置エネルギーの関係式

$$W_{保存力} = U_{はじめ} - U_{おわり}$$
$U_{はじめ}$，$U_{おわり}$：はじめ，おわりの物体の位置エネルギー
$W_{保存力}$：保存力が物体にする仕事

$$\tag{9.6}$$

この関係式は，次のように表すと意味がわかりやすくなります．

$$W_{保存力} \quad = \quad U_{はじめ} \quad - \quad U_{おわり}$$

保存力が物体に　　　物体の位置エネルギーが減少する．
する仕事の分だけ

112   9. 力学的エネルギー

9-4 力学的エネルギーと非保存力の仕事の関係

運動エネルギー $K = \dfrac{1}{2}mv^2$ と，位置エネルギー $U = -\displaystyle\int_{P_0}^{P} \vec{F}_{保存力} \cdot d\vec{r}$ の合計を**力学的エネルギー**とよび，一般に E と表します．

― 力学的エネルギー E ―――――
$$E = K + U \quad (K：運動エネルギー，\ U：位置エネルギー) \tag{9.7}$$

さて，第8章で述べた運動エネルギーと仕事の関係(8.15)
$$K_{おわり} - K_{はじめ} = W$$
では，$K_{はじめ}$ と $K_{おわり}$ は，はじめとおわりの運動エネルギーであり，W は物体に加わるすべての力が物体にする仕事を表しました．ここで W を，保存力がする仕事 $W_{保存力}$ と非保存力がする仕事 $W_{非保存力}$ に分類し，
$$K_{おわり} - K_{はじめ} = W_{保存力} + W_{非保存力}$$
とします．そうすると，前節で求めた保存力がする仕事と位置エネルギーの関係式(9.6)を代入することができ，ここから
$$K_{おわり} - K_{はじめ} = U_{はじめ} - U_{おわり} + W_{非保存力}$$
より，
$$K_{おわり} + U_{おわり} - (K_{はじめ} + U_{はじめ}) = W_{非保存力}$$
が得られます．運動エネルギー K と位置エネルギー U の合計は力学的エネルギー E なので（(9.7)を参照），これを用いると，
$$E_{おわり} - E_{はじめ} = W_{非保存力} \tag{9.8}$$
が得られます．これを**力学的エネルギーと非保存力の仕事の関係**といいます．

― 力学的エネルギーと非保存力の仕事の関係 ―――――
$$E_{おわり} - E_{はじめ} = W_{非保存力}$$
$E_{はじめ},\ E_{おわり}$：はじめ，おわりの物体の力学的エネルギー
$W_{非保存力}$：非保存力が物体にする仕事の合計
$$\tag{9.8}$$

この関係式は，物体が非保存力から仕事をされると力学的エネルギーが変化するという意味です．また，次のように変形すると意味がわかりやすくなります．

$$E_{はじめ} \quad + \quad W_{非保存力} \quad = \quad E_{おわり}$$
はじめ（変化前）は　　途中これだけの　　おわり（変化後）は
これだけでした．　　　仕事をされて，　　　こうなりました．

9-5 力学的エネルギー保存則

(9.8)は何か特別な成立条件をもたない一般的に成り立つ関係式でしたが，ここで

$$W_{非保存力} = 0$$

の場合を考えると，このとき，

$$E_{おわり} = E_{はじめ} \quad (9.9)$$

が得られます．これを**力学的エネルギー保存則**とよびます．その結果，力学的エネルギー保存則には，「非保存力の仕事がゼロ」，すなわち「非保存力が物体にする仕事の合計がゼロであるとき」という成立条件がつきます．

力学的エネルギー保存則

非保存力が物体にする仕事がゼロのとき，

$$\underset{\text{おわりの物体の力学的エネルギー}}{E_{おわり}} = \underset{\text{はじめの物体の力学的エネルギー}}{E_{はじめ}} \quad (9.9)$$

が成り立つ．

[例題 9.2]

図のように水平な床にばね定数 k のばねを設置し，一端を鉛直な壁に固定します．他端に質量 m の小球を押し当て，ばねを自然長から d だけ縮め，静かに小球を放したところ，小球はばねが自然長になったときにばねから離れ，斜面を登っていったとします．水平な床と斜面はなめらかにつながっているとして，次の問いに答えなさい．ただし，重力加速度の大きさは g とし，ばねの質量，小球の大きさ，小球と床や斜面との間の摩擦，空気抵抗はすべて無視します．

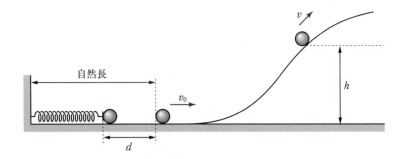

(1) ばねが自然長に戻ったときの小球の速さ v_0 を求めなさい．
(2) 小球が床から高さ h の斜面上の点を通過するときの速さ v を求めなさい．

114   9. 力学的エネルギー

[指針]
　運動エネルギー，重力による位置エネルギー，ばねによる位置エネルギー，そして，それらの合計である力学的エネルギーを表でまとめるとわかりやすくなります．

	はじめ	ばねが自然長となるとき	高さ h を通過するとき
運動エネルギー	$\dfrac{1}{2}\,m\cdot 0^2$	$\dfrac{1}{2}\,mv_0^2$	$\dfrac{1}{2}\,mv^2$
重力による位置エネルギー	$mg\cdot 0$	$mg\cdot 0$	mgh
ばねによる位置エネルギー	$\dfrac{1}{2}\,kd^2$	$\dfrac{1}{2}\,k\cdot 0^2$	$\dfrac{1}{2}\,k\cdot 0^2$
力学的エネルギー	$\dfrac{1}{2}\,m\cdot 0^2 + mg\cdot 0 + \dfrac{1}{2}\,kd^2$	$\dfrac{1}{2}\,mv_0^2 + mg\cdot 0 + \dfrac{1}{2}\,k\cdot 0^2$	$\dfrac{1}{2}\,mv^2 + mgh + \dfrac{1}{2}\,k\cdot 0^2$

　途中，物体にはたらく力は重力とばねの弾性力と垂直抗力であり，そのうち，垂直抗力は非保存力ですが，進む向きに対して常に直角なので，その仕事はゼロとなります．よって，力学的エネルギー保存則が成立します．

[解]
(1)　力学的エネルギー保存則より，

$$\frac{1}{2}\,m\cdot 0^2 + mg\cdot 0 + \frac{1}{2}\,kd^2 = \frac{1}{2}\,mv_0^2 + mg\cdot 0 + \frac{1}{2}\,k\cdot 0^2$$

よって，$v_0 = d\sqrt{\dfrac{k}{m}}$．

(2)　力学的エネルギー保存則より，

$$\frac{1}{2}\,m\cdot 0^2 + mg\cdot 0 + \frac{1}{2}\,kd^2 = \frac{1}{2}\,mv^2 + mgh + \frac{1}{2}\,k\cdot 0^2$$

よって，$v = \sqrt{\dfrac{kd^2}{m} - 2gh}$．

力学的エネルギー保存則を使うときは，その成立条件を必ずチェックしようね．

章 末 問 題

[9.1]

経路 1，2 において，質量 m の物体を始点から終点まで動かすとき，重力がした仕事 W_1, W_2 を求めなさい．ただし，終点に対する始点の高さを h とし，重力加速度の大きさは g とします．

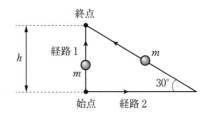

[9.2]

図のように，水平な床となめらかにつながった斜面があります．床からの高さ h の位置にある斜面上の点 A から，質量 m の物体を斜面に沿って速さ v_0 で下向きに滑り出させたところ，床面上の点 B を通過し，床面上に鉛直な壁を介して固定されたばねを押し縮めました．このとき，次の問いに答えなさい．ただし，重力加速度の大きさを g，ばね定数は k とし，摩擦と空気抵抗は無視できるものとします．

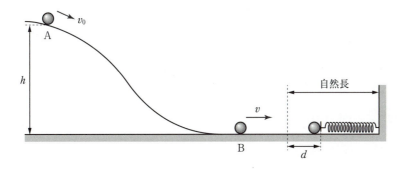

(1) この物体が床上の点 B に達したときの速さ v を求めなさい．
(2) この物体がばねを押し縮める最大の縮み d を求めなさい．

[9.3]

基準点 P_0 から，高さ h のところにある点 P まで質量 m の物体を外力（人の力）によってゆっくりと（すなわち，力のつりあいを保ちつつ）移動させます．このとき，次の問いに答えなさい．ただし，重力加速度の大きさは g とします．

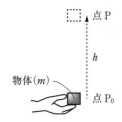

(1) 外力の大きさ F とその向きを求めなさい．
(2) 物体を基準点 P_0 から点 P まで移動させるとき，外力が物体にした仕事 $W_{外力}$ を求めなさい．
(3) 基準点 P_0 に対する点 P における重力による位置エネルギー $U(P)$ を求めなさい．

[9.4]

図のように右向きに x 軸をとり，基準点となる，ばねが自然長になる原点 O から，ばねが x だけ縮んだところにある点 P まで物体を外力（人の力）によってゆっくりと（すなわち，力のつりあいを保ちつつ）移動させます．このとき，次の問いに答えなさい．ただし，ばね定数を k とします．

(1) 位置 x における外力の大きさ F とその向きを求めなさい．
(2) 物体を原点 O から点 P まで移動させるとき，外力が物体にした仕事 $W_{外力}$ を求めなさい．
(3) 原点 O を基準点とする点 P における弾性エネルギー（すなわち，ばねによる位置エネルギー）$U(P)$ を求めなさい．

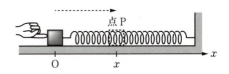

10 角運動量

　本章では，まず角運動量と力のモーメントとは何かについて学びます．角運動量と力のモーメントも外積という難しい数学を使いますので，単純な状況下での定義からはじめて少しずつ複雑にしていき，一般的な定義にたどりつく方式で学びます．その後，両者をつなぐ法則である角運動量と力のモーメントの関係を学び，そして，その法則をもとに角運動量保存則とよばれる法則を導出します．

10-1 角運動量

単純な状況下での角運動量 (1)

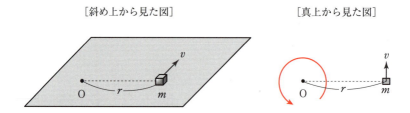

　ある点 O から距離 r [m] の位置にある質量 m [kg] の物体の速度 v [m/s] が，図のように点 O と物体を結ぶ直線に対して垂直な向きをなすとき，物体は点 O のまわりに左回りに mrv [J·s] の**角運動量**をもつといいます（単位 J·s はジュール秒と読みます）．また，一般に角運動量は l や L という記号を用います．まとめると，次のようになります．

> **角運動量 l**
> 点 O のまわりの角運動量
> $$l = mrv$$
（10.1）

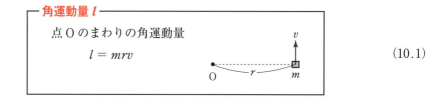

　なお，ここでは左回りで角運動量を定義しましたが，当然，右回りの角運動量もあります．角運動量は回転に関する量で，物体の質量が大きいほど，そして，速いほど大きくなります．このことから，角運動量は物体のもつ"回転の勢い"を表す量だと考えることができます．

> 角運動量は，"回転の勢い"

✏️ **コメント**　この定義は，速度が点 O と物体を結ぶ直線と垂直なときしか成り立ちません．

👉 アドバイス

図のように 1 つの物体に注目しても，支点を点 O にとれば左回りの回転になりますし，支点を点 O' にとれば右回りになります．

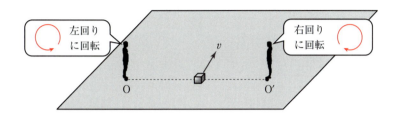

このように，角運動量を考える際には，前提として「どの点のまわりか」という支点が必ず存在していることを忘れないようにしましょう．

[例題 10.1]

地球は太陽のまわりを楕円軌道を描いて回っていて，地球が太陽と最も近くなる点を近日点といい，最も遠くなる点を遠日点といいます．地球と太陽の中心間の距離は近日点では 1.47×10^{11} m，遠日点で 1.52×10^{11} m，地球の速さは近日点で 3.03×10^4 m/s，遠日点で 2.93×10^4 m/s であることから，地球の質量を 5.94×10^{24} kg として，次の問いに答えなさい．

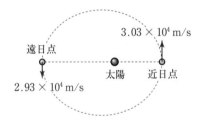

(1) 近日点における太陽のまわりの地球の角運動量の大きさ l_1 を求めなさい．
(2) 遠日点における太陽のまわりの地球の角運動量の大きさ l_2 を求めなさい．

[解]

$l = mrv$ から考えます．
(1) $l_1 = 5.94 \times 10^{24} \times 1.47 \times 10^{11} \times 3.03 \times 10^4 = 2.645\cdots \times 10^{40} \fallingdotseq 2.65 \times 10^{40}$ J·s
(2) $l_2 = 5.94 \times 10^{24} \times 1.52 \times 10^{11} \times 2.93 \times 10^4 = 2.645\cdots \times 10^{40} \fallingdotseq 2.65 \times 10^{40}$ J·s

✏️ **コメント** 近日点と遠日点で角運動量が同じ値をとります．これは 10-4 節で述べる**角運動量保存則**とよばれる法則の 1 つの例です．

それでは，速度の向きが一般的な場合についての定義を学びましょう．

単純な状況下での角運動量 (2)

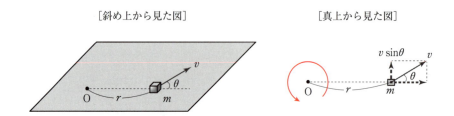

[斜め上から見た図]　　　　[真上から見た図]

ある点 O から距離 r の位置にある質量 m の物体の速度 v が，図のように点 O と物体を結ぶ直線と角度 θ をなすとき，物体は点 O のまわりに左回りに

$$l = mrv \sin \theta \tag{10.2}$$

の角運動量をもつといいます．$v \sin \theta$ は速度 v のうち，点 O と物体を結ぶ直線に対して垂直な成分なので，この $v \sin \theta$ を $v_\perp$ と表すと，

$$l = mrv_\perp \tag{10.3}$$

とも表せます．

角運動量 l

点 O のまわりの角運動量

$$l = mrv \sin \theta$$
$$\quad = mrv_\perp \tag{10.4}$$

👉 **アドバイス**

速度成分のうち $v \cos \theta$ は，支点である点 O から「遠ざかる」成分なので，点 O のまわりの回転には関係がありません．そのため，角運動量の定義には $v \sin \theta$ を用います．

[例題 10.2]

質量 $5.0\,\mathrm{kg}$，$3.0\,\mathrm{kg}$ の小物体 A，B が次の運動をしているとき，点 O のまわりの A，B の角運動量の向きと大きさ l_A，l_B を求めなさい．ただし，$\sqrt{3} = 1.73$ とし，答えの数値は有効数字 2 桁で表しなさい．

[解]

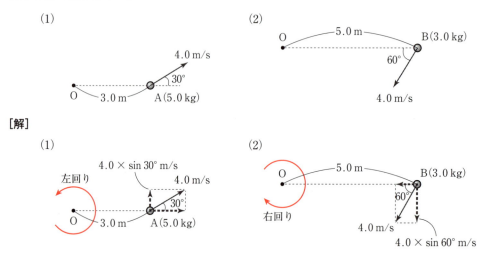

(1) 左回りに $l_A = 5.0 \times 3.0 \times 4.0 \sin 30° = 30 \,\text{J·s}$
(2) 右回りに $l_B = 3.0 \times 5.0 \times 4.0 \sin 60° = 51.9 \fallingdotseq 52 \,\text{J·s}$

回転する平面の指定

さて，一般に3次元空間（すなわち，立体の世界）で回転を指定しようとする場合，次の2点を指定する必要があります．

> (a) どの平面での回転か
> (b) どちら回りの回転か

(a)は，たとえば「xy平面に平行な平面での回転」とか，「xz平面に平行な平面での回転」といったように，どの平面に平行な平面での回転かということです．しかし，この指定は結構大変です．というのは，その平面を指定しようとして，平面に平行なベクトルを用いようとすると，1つのベクトルでは指定しきれないからです．

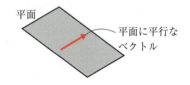
① 平面を指定するため，平面に平行なベクトルを用意しても

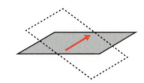
② そのベクトルに平行な平面はこうもとれるし，

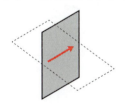
③ こうもとれる．つまり1つのベクトルでは指定しきれない．

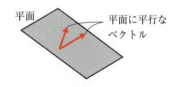
④ 平行なベクトルで平面を指定するにはベクトルが2つ必要．

平面を指定するには（別の向きを向いた）2つのベクトルが必要となりますが，2つも指定することは面倒です．そこで，平面を指定するために，あえて<u>平面に垂直なベクトルを用います</u>．これだと，たった1つのベクトルで指定できるので便利です．

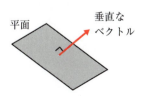

しかも，図のように右ねじの進む向きと回る向き（または右手の親指を立ててグーにしたときの，親指の向きと四本指の向き）という対応関係を取り入れれば，(b)のどちら回りの回転かについても，たった1つのベクトルで指定できます．

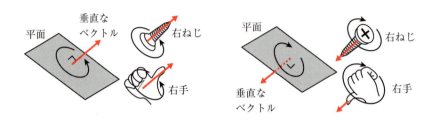

平面に垂直なベクトルを使えば，
 (a) どの平面での回転か
 (b) どちら回りの回転か
この2つを同時に指定することができる．

この回転する平面の指定に，さきほど述べた"回転の勢い"を表す角運動量の式をうまく適用させることができる見事な数学があります．それが**外積**です．ここで，外積について簡単にまとめると次のようになります（詳しくは付録4のA4-7節を参照）．

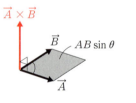

― 外積 ―
向き：$\vec{A}$ にも $\vec{B}$ にも直交し，$\vec{A}$ から $\vec{B}$ へと右ねじを回したとき，ねじが進む向き
大きさ：$AB\sin\theta$ （平行四辺形の大きさ）
　　　　$\vec{A}$の　$\vec{B}$の　$\vec{A}$と$\vec{B}$がなす角度
　　　　大きさ　大きさ　$(0 \leq \theta < \pi)$

(10.5)

この外積を用いた一般的な角運動量の定義を学びましょう．

一般的な状況下での角運動量

ある点Oから $\vec{r}$ の位置にある質量 m の物体が図のような速度 $\vec{v}$ をもつとき，物体は点Oのまわりに

$$\vec{l} = m\vec{r} \times \vec{v} \tag{10.6}$$

の**角運動量**をもつといいます．

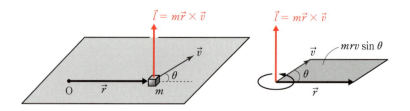

確かに，このように書けば，その大きさ l は外積の定義から
$$l = mrv \sin\theta \tag{10.7}$$
となり（θ は $\vec{r}$ と $\vec{v}$ のなす角度），その向きは回転する平面に平行な2つのベクトル $\vec{r}$, $\vec{v}$ にともに垂直になるので，$\vec{r}$ から $\vec{v}$ へと右ねじを回したときにねじの進む向きとなります．

> 🚩 **発展　角運動量の一般的な定義**
> 角運動量は運動量の定義 $\vec{p} = m\vec{v}$ を用いて，
> $$\vec{l} = \vec{r} \times \vec{p} \tag{10.8}$$
> と書いても構いません． 🚩

10-2 力のモーメント

単純な状況下での力のモーメント（1）

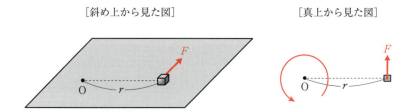

ある点 O から距離 r [m] の位置にある物体にはたらく力 F [N] が，図のように点 O と物体を結ぶ直線に対して垂直な向きをなすとき，物体には点 O のまわりに左回りに rF [N·m] の**力のモーメント**（または**トルク**）がはたらくといいます（単位 N·m はニュートンメートルと読みます）．また，一般に力のモーメントは N や M という記号を用います．まとめると，次のようになります．

> **― 力のモーメント ―**
> 点 O のまわりの力のモーメント
> $$N = rF \tag{10.9}$$

なお，いま左回りで力のモーメントを定義しましたが，当然，右回りの力のモーメントもあります．力のモーメントは回転に関する量で，点 O からの距離が大きいほど，そして，力が大きいほど大きくなります．このことから，力のモーメントは"力の回転効果"を表す量だと考えることができます．

> 力のモーメントは，"力の回転効果"

✏️ **コメント**　この定義は，力が点 O と物体を結ぶ直線に対して垂直なときしか成り立ちません．つまり，力の向きが変わると，この定義は使えません．
$$N = rF \quad \longleftarrow \quad F が垂直なときだけ！$$

👉 **アドバイス**

図のように 1 つの物体に注目しても，支点を点 O にとれば左回りの回転になりますし，支点を点 O′ にとれば右回りになります．

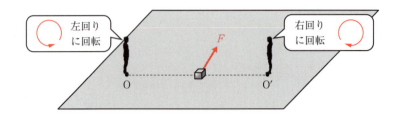

このように，角運動量と同じく力のモーメントを考える際にも，前提として「どの点のまわりか」という支点が必ず存在していることを忘れないようにしましょう．　　　　　　　　　　　👉

[例題 10.3]

　長さ 4.0 m の硬くて均一な板を用意し，その中央を支点で固定し，シーソーをつくります．このシーソーを水平にして固定し，支点から左に 2.0 m の点に 60 kg の A さん，右に 1.5 m の点に 75 kg の B さんが乗るとき，重力加速度の大きさを 9.8 m/s² として次の問いに答えなさい．

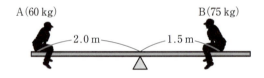

(1) 支点のまわりの A さんの重力による力のモーメントの向きと大きさを求めなさい．
(2) 支点のまわりの B さんの重力による力のモーメントの向きと大きさを求めなさい．
(3) A さん，B さんの重力による力のモーメントの大きさはどちらが大きいでしょうか．

[解]

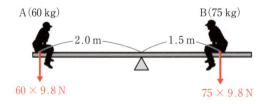

(1) A さんの重力の大きさは 60 × 9.8 N より，求める力のモーメントは，左回りに 2.0 × 60 × 9.8 = 1176 ≒ 1.2 × 10³ N·m．
(2) B さんの重力の大きさは 75 × 9.8 N より，求める力のモーメントは，右回りに 1.5 × 75 × 9.8 = 1102.5 ≒ 1.1 × 10³ N·m．
(3) A さんの力のモーメントの方が大きい．

単純な状況下での力のモーメント (2)

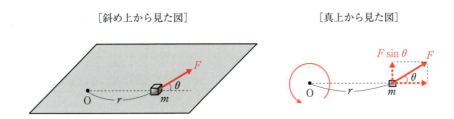

ある点 O から距離 r の位置にある物体にはたらく力 F が，図のように点 O と物体を結ぶ直線に対して角度 θ をなすとき，物体は点 O のまわりに左回りに

$$N = rF \sin \theta \tag{10.10}$$

の力のモーメントをもつといいます．

[例題 10.4]

小物体 A，B が図のような力を受けるとき，点 O のまわりの A，B の力のモーメントの向きと大きさ N_A, N_B を求めなさい．ただし，$\sqrt{3} = 1.73$ とし，答えの数値は有効数字 2 桁で表しなさい．

[解]

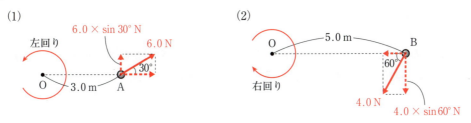

(1) 左回りに $N_A = 3.0 \times 6.0 \sin 30° = 9.0$ N·m
(2) 右回りに $N_B = 5.0 \times 4.0 \sin 60° = 17.3 \fallingdotseq 17$ N·m

力のモーメントも角運動量と同様に回転にともなう量なので，外積を使うと次のページのように一般的に定義ができます．

一般的な状況下での力のモーメント

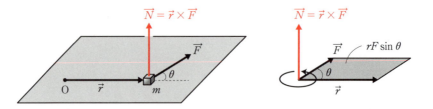

ある点 O から $\vec{r}$ の位置にある物体が図のような力 $\vec{F}$ を受けるとき，物体は点 O のまわりに
$$\vec{N} = \vec{r} \times \vec{F} \tag{10.11}$$
の力のモーメントを受けるといいます．

確かにこのように書けば，その大きさ N は外積の定義から
$$N = rF \sin \theta \tag{10.12}$$
となりますし（θ は $\vec{r}$ と $\vec{F}$ のなす角度），その向きは回転する平面に平行な 2 つのベクトル $\vec{r}$, $\vec{F}$ にともに垂直になり，$\vec{r}$ から $\vec{F}$ へと右ねじを回したときにねじの進む向きとなります．

10-3 角運動量と力のモーメントの関係

角運動量 $\vec{l} = m\vec{r} \times \vec{v}$ と力のモーメント $\vec{N} = \vec{r} \times \vec{F}$ の間には，常に次の関係式が成り立ちます．

角運動量と力のモーメントの関係

$$\frac{d\vec{l}}{dt} = \vec{N} \quad \begin{array}{l} \vec{l}：物体の角運動量，\ t：時刻 \\ \vec{N}：物体にはたらく力のモーメントの合計 \end{array} \tag{10.13}$$

これは物体に力のモーメントがはたらくと，物体の角運動量が時間変化するという意味です．なお，この関係式は運動方程式から導くことができます（まとめのところを参照）．

10-4 角運動量保存則

物体にはたらく力のモーメントの合計がゼロのとき，
$$\frac{d\vec{l}}{dt} = \vec{0} \tag{10.14}$$
より，角運動量は時間によらず一定値をとります．すなわち，
$$\vec{l} = \text{一定} \tag{10.15}$$
となります．これを**角運動量保存則**といい，具体的に表すと，
$$mr_1 v_1 \sin \theta_1 = mr_2 v_2 \sin \theta_2 \tag{10.16}$$
となります．

> **角運動量保存則**
>
> 点 O のまわりの物体にはたらく力のモーメントの合計がゼロのとき，次の関係式が成り立つ．
>
> $$mr_1v_1 \sin\theta_1 = mr_2v_2 \sin\theta_2$$
>
> ある時刻での角運動量　　別の時刻での角運動量

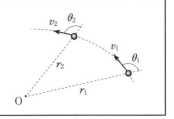

(10.17)

[例題 10.5]

地球は太陽のまわりを楕円軌道を描いて回っています．地球は常に太陽に向かう向きの万有引力とよばれる力のみを受けているとして，次の問いに答えなさい．なお，太陽は動かないものとします．

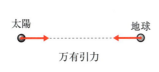
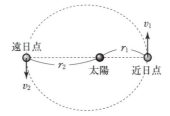

(1) 地球の運動は，太陽のまわりで角運動量保存則が成立しますが，この理由を述べなさい．

(2) 地球と太陽間の距離を近日点で r_1，遠日点で r_2 とし，地球の速さを近日点で v_1，遠日点で v_2 とするとき，v_2 を r_1, r_2, v_1 を用いて表しなさい．

[解]

(1) 地球にはたらく万有引力は常に太陽の方向を向き，太陽のまわりの地球にはたらく力のモーメントはゼロになるため．

(2) 地球の質量を m とすると，角運動量保存則より，$mr_1v_1 = mr_2v_2$ よって，$v_2 = \dfrac{r_1v_1}{r_2}$.

章 末 問 題

[10.1]

地球の中心から距離 1.5×10^8 m を速さ 4.2×10^6 m/s で等速円運動をする質量 3.0×10^2 kg の静止衛星の角運動量の大きさを求めなさい．

[10.2]

質量 2.0 kg，3.0 kg の小物体 A，B が次の運動状態にあるとき，点 O のまわりの A，B の角運動量の向きと大きさ l_A，l_B を求めなさい．ただし，$\sqrt{2} = 1.41$ とし，答えの数値は有効数字 2 桁で表しなさい．

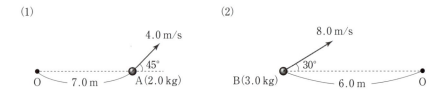

[10.3]

長さ 4.0 m のかたくて均一な板を用意し，その中央を固定してシーソーをつくります．このシーソーを水平にして固定し，支点から左に 2.0 m の点に 70 kg の A さん，右に 1.5 m の点に 80 kg の B さんが乗るとき，重力加速度の大きさを 9.8 m/s^2 として，次の問いに答えなさい．

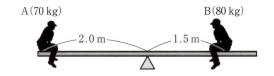

(1) 支点のまわりの A さんの重力による力のモーメントの向きと大きさを求めなさい．
(2) 支点のまわりの B さんの重力による力のモーメントの向きと大きさを求めなさい．
(3) A さん，B さんの重力による力のモーメントの大きさはどちらが大きいでしょうか．

[10.4]

小物体 A，B が図のような力を受けるとき，点 O のまわりの A，B のモーメントの向きと大きさ N_A，N_B を求めなさい．ただし，$\sqrt{2} = 1.41$，$\sqrt{3} = 1.73$ とし，答えの数値は有効数字 2 桁で表しなさい．

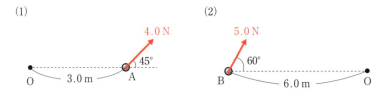

[10.5]
　水平な板に開けられたなめらかな縁をもった穴 O に十分に長い糸を通し，その上端に質量 m の小物体を結びつけ，他端は手でもって固定します．はじめ小物体は水平板上を半径 r_1，速さ v_1 の円運動をしていたが，手を下にゆっくりと下げると，半径 r_2，速さ v_2 の円運動に変わったとき，次の問いに答えなさい．ただし，小物体が受ける空気抵抗および摩擦はすべて無視できるものとします．

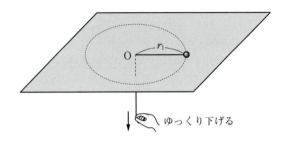

(1) 小物体は穴 O のまわりで角運動量保存則が成立します．この理由を述べなさい．
(2) v_2 を r_1, r_2, v_1 を用いて表しなさい．

まとめ

　ここでは，これまで学んだ相互の関係式をまとめ，運動の三法則から運動量と力積の関係，運動エネルギーと仕事の関係，角運動量と力のモーメントの関係の導出を行います．なお，このまとめは，"発展"の内容に対応します．

S-1　物理法則の相互関係

　ここまでに学んできた内容の相互関係をまとめると，次のようになります．

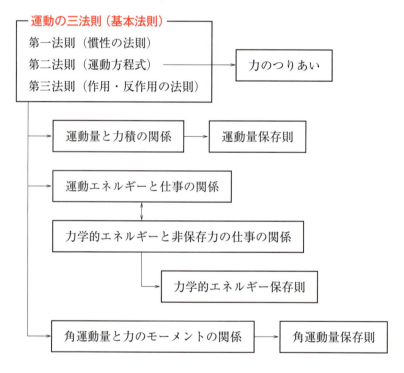

　次の節以降で，運動方程式からの運動量と力積の関係，運動エネルギーと仕事の関係，角運動量と力のモーメントの関係の導出について述べます．

S-2 運動量と力積の関係の導出（1次元）

運動方程式から運動量と力積の関係を導出するためには，次の3つの式を用います．

用いるもの

① 物体の加速度 a の定義（(1.4)を参照）

$$a = \frac{dv}{dt} \qquad (v：物体の速度，t：時刻) \tag{S.1}$$

② 物体が受ける力積 I の定義（(7.7)を参照）

$$I = \int_{t_{はじめ}}^{t_{おわり}} F\, dt \qquad (F：物体が受ける力，t：時刻) \tag{S.2}$$

③ 関係式（本書の Web ページにある補足事項の(C 8.7)を参照）

$$\int_{t_{はじめ}}^{t_{おわり}} \frac{dA}{dt}\, dt = A_{おわり} - A_{はじめ} \tag{S.3}$$

それでは導出しましょう．運動方程式

$$ma = F$$

に(S.1)を代入して $m(dv/dt) = F$ とし，質量 m は時間によらないので時間微分の中に入れると，

$$\frac{d}{dt}(mv) = F$$

と表せます．これをはじめの時刻 $t_{はじめ}$ からおわりの時刻 $t_{おわり}$ まで時間積分すると，

$$\int_{t_{はじめ}}^{t_{おわり}} \frac{d}{dt}(mv)\, dt = \int_{t_{はじめ}}^{t_{おわり}} F\, dt$$

となり，この右辺に(S.2)を用い，左辺に(S.3)を用いると（mv をまとめて A とみなすと），

$$mv_{おわり} - mv_{はじめ} = I \tag{S.4}$$

が得られます．

以上より，1次元の場合の運動量と力積の関係が導出できました．

S-3 運動量と力積の関係の導出（3次元）

3次元の運動（すなわち，立体の世界での運動）で一般化する場合も基本的に同様です．運動方程式は運動量 $\vec{p} = m\vec{v}$ を用いると

$$\frac{d\vec{p}}{dt} = \vec{F} \tag{S.5}$$

となり（(3.3)を参照），これを x，y，z 成分で表したものが，

$$\frac{dp_x}{dt} = F_x, \qquad \frac{dp_y}{dt} = F_y, \qquad \frac{dp_z}{dt} = F_z$$

でした（(3.4)を参照）．これをそれぞれ，はじめの時刻 $t_{はじめ}$ からおわりの時刻 $t_{おわり}$ まで時間積分すると，

130　まとめ

$$\int_{t_{はじめ}}^{t_{おわり}} \frac{dp_x}{dt} dt = \int_{t_{はじめ}}^{t_{おわり}} F_x \, dt, \quad \int_{t_{はじめ}}^{t_{おわり}} \frac{dp_y}{dt} dt = \int_{t_{はじめ}}^{t_{おわり}} F_y \, dt, \quad \int_{t_{はじめ}}^{t_{おわり}} \frac{dp_z}{dt} dt = \int_{t_{はじめ}}^{t_{おわり}} F_z \, dt$$

となります．ここで，この右辺に力積の x, y, z 成分 I_x, I_y, I_z の定義 (7.10) を用い，左辺に (S.3)

$$\int_{t_{はじめ}}^{t_{おわり}} \frac{dA}{dt} dt = A_{おわり} - A_{はじめ}$$

の A を p_x, p_y, p_z としたものを用いると，

$$p_{x\,おわり} - p_{x\,はじめ} = I_x, \quad p_{y\,おわり} - p_{y\,はじめ} = I_y, \quad p_{z\,おわり} - p_{z\,はじめ} = I_z$$

となります．これらをまとめると，

$$\vec{p}_{おわり} - \vec{p}_{はじめ} = \vec{I}$$

が得られます．

　以上より，3次元の場合の運動量と力積の関係が導出できました．これは $\vec{p} = m\vec{v}$ を用いて

$$m\vec{v}_{おわり} - m\vec{v}_{はじめ} = \vec{I} \tag{S.6}$$

と表すこともできます．

👉 アドバイス

　成分表示を用いず，ベクトル記号だけを用いた運動方程式

$$\frac{d\vec{p}}{dt} = \vec{F}$$

を時間積分して，

$$\int_{t_{はじめ}}^{t_{おわり}} \frac{d\vec{p}}{dt} dt = \int_{t_{はじめ}}^{t_{おわり}} \vec{F} \, dt$$

より

$$\vec{p}_{おわり} - \vec{p}_{はじめ} = \vec{I}$$

として，運動量と力積の関係を導出することもできます．

S-4　運動エネルギーと仕事の関係の導出（1次元）

　運動方程式から運動エネルギーと仕事の関係を導出します．まずは，高等学校で学んだ合成関数の微分

$$(y^2)' = 2yy'$$

を思い出しましょう．この y' は $y = y(x)$ を x で微分したという意味なので，書き直すと，

$$\frac{d}{dx}(y^2) = 2y \frac{dy}{dx}$$

となり，ここで y を速度 v に，x を時刻 t に文字を置き換えると，

$$\frac{d}{dt}(v^2) = 2v \frac{dv}{dt}$$

となります（合成関数の微分については，本書のWebページにある補足事項のC 4-2節を参照）．dv/dt は加速度 a の定義そのものなので a と書き（(1.4) を参照），左辺と右辺をひっくり返すと，次の式になります．

$$2va = \frac{d}{dt}(v^2)$$

この両辺に $\frac{1}{2}m$ をかけ，時間によらない $\frac{1}{2}m$ を時間微分の中に入れると，

$$mva = \frac{d}{dt}\left(\frac{1}{2}mv^2\right) \tag{S.7}$$

が得られます．そして，この式を含め，次の3つの式を用いて導出します．

用いるもの

① 関係式

$$mva = \frac{d}{dt}\left(\frac{1}{2}mv^2\right) \tag{S.7}$$

② 物体がされる仕事 W の定義（(8.13) を参照）

$$W = \int_{t_{はじめ}}^{t_{おわり}} Fv\,dt \qquad (F：物体が受ける力，v：速度) \tag{S.8}$$

③ 関係式（本書の Web ページにある補足事項の (C 8.7) を参照）

$$\int_{t_{はじめ}}^{t_{おわり}} \frac{dA}{dt}\,dt = A_{おわり} - A_{はじめ} \tag{S.9}$$

それでは導出しましょう．運動方程式

$$ma = F$$

の両辺に速度 v をかけて (S.7) を用いると，

$$\frac{d}{dt}\left(\frac{1}{2}mv^2\right) = Fv$$

と表せます．これをはじめの時刻 $t_{はじめ}$ からおわりの時刻 $t_{おわり}$ まで積分すると，

$$\int_{t_{はじめ}}^{t_{おわり}} \frac{d}{dt}\left(\frac{1}{2}mv^2\right) dt = \int_{t_{はじめ}}^{t_{おわり}} Fv\,dt$$

となり，この右辺に (S.8) を用い，左辺に (S.9) を用いると $\left(\frac{1}{2}mv^2$ をまとめて A とみなすと$\right)$，

$$\frac{1}{2}mv_{おわり}^2 - \frac{1}{2}mv_{はじめ}^2 = W \tag{S.10}$$

が得られます．

以上より，1次元の場合の運動エネルギーと仕事の関係が導出できました．

S-5 運動エネルギーと仕事の関係の導出（3次元）

3次元の運動で一般化する場合も基本的に同様です．さきほど導いた (S.7)

$$mva = \frac{d}{dt}\left(\frac{1}{2}mv^2\right)$$

を，x，y，z 成分で考えると，

$$mv_x a_x = \frac{d}{dt}\left(\frac{1}{2}mv_x^2\right), \qquad mv_y a_y = \frac{d}{dt}\left(\frac{1}{2}mv_y^2\right), \qquad mv_z a_z = \frac{d}{dt}\left(\frac{1}{2}mv_z^2\right)$$

となり，これらを辺々たすと，

$$mv_x a_x + mv_y a_y + mv_z a_z = \frac{d}{dt}\left\{\frac{1}{2}m\left(v_x^2 + v_y^2 + v_z^2\right)\right\}$$

となります．左辺は $\vec{v} = (v_x, v_y, v_z)$ と $\vec{a} = (a_x, a_y, a_z)$ の内積（付録4の (A 4.4) を参照）を用

132　ま　と　め

いて $m\vec{v}\cdot\vec{a}$ と表せ，右辺は速さ v を用いて $\dfrac{d}{dt}\left(\dfrac{1}{2}mv^2\right)$ と表せるので，以上より，

$$m\vec{v}\cdot\vec{a} = \frac{d}{dt}\left(\frac{1}{2}mv^2\right) \tag{S.11}$$

となります．そして，この式を含め，次の3つの式を用いて導出します．

┌─用いるもの─

① 関係式

$$m\vec{v}\cdot\vec{a} = \frac{d}{dt}\left(\frac{1}{2}mv^2\right) \tag{S.11}$$

② 物体がされる仕事 W の定義（(8.12)を参照）

$$W = \int_{t_{\text{はじめ}}}^{t_{\text{おわり}}} \vec{F}\cdot\vec{v}\,dt \qquad (\vec{F}:\text{物体が受ける力}, \ \vec{v}:\text{速度}) \tag{S.12}$$

③ 関係式（本書の Web ページにある補足事項の(C 8.7)を参照）

$$\int_{t_{\text{はじめ}}}^{t_{\text{おわり}}} \frac{dA}{dt}\,dt = A_{\text{おわり}} - A_{\text{はじめ}} \tag{S.13}$$

それでは導出しましょう．運動方程式

$$m\vec{a} = \vec{F}$$

の両辺に速度 $\vec{v}$ の内積をとり，

$$m\vec{v}\cdot\vec{a} = \vec{F}\cdot\vec{v}$$

とし，(S.11)を用いると

$$\frac{d}{dt}\left(\frac{1}{2}mv^2\right) = \vec{F}\cdot\vec{v}$$

となります．これをはじめの時刻 $t_{\text{はじめ}}$ からおわりの時刻 $t_{\text{おわり}}$ まで積分すると，

$$\int_{t_{\text{はじめ}}}^{t_{\text{おわり}}} \frac{d}{dt}\left(\frac{1}{2}mv^2\right)dt = \int_{t_{\text{はじめ}}}^{t_{\text{おわり}}} \vec{F}\cdot\vec{v}\,dt$$

となり，この右辺に(S.12)を，左辺に(S.13)を用いると，

$$\frac{1}{2}mv_{\text{おわり}}^2 - \frac{1}{2}mv_{\text{はじめ}}^2 = W \tag{S.14}$$

が得られます．

以上より，3次元の場合の運動エネルギーと仕事の関係が導出できました．

S-6　角運動量と力のモーメントの関係の導出

運動方程式から角運動量と力のモーメントの関係を導出します．用いる数学は，積の微分
（本書の Web ページにある補足事項の(C 4.3)を参照）

$$\frac{d}{dt}(fg) = \frac{df}{dt}g + f\frac{dg}{dt}$$

を外積 $\vec{f}\times\vec{g}$ の各成分に用いた

$$\frac{d}{dt}(\vec{f}\times\vec{g}) = \frac{d\vec{f}}{dt}\times\vec{g} + \vec{f}\times\frac{d\vec{g}}{dt} \tag{S.15}$$

と，平行なベクトル同士の外積はゼロになるという外積の性質

$$\vec{A} \times (c\vec{A}) = \vec{0} \tag{S.16}$$

です（付録 4 の(A 4.8)を参照）．

用いるもの（数学）

① $\dfrac{d}{dt}(\vec{f} \times \vec{g}) = \dfrac{d\vec{f}}{dt} \times \vec{g} + \vec{f} \times \dfrac{d\vec{g}}{dt}$ $\qquad$ (S.15)

② $\vec{A} \times (c\vec{A}) = \vec{0}$ $\qquad$ (S.16)

また，用いる物理の定義を次にまとめます．

用いるもの（物理の定義）

力のモーメント：$\vec{N} = \vec{r} \times \vec{F},$ $\qquad$ 角運動量：$\vec{l} = \vec{r} \times \vec{p}$

運動量：$\vec{p} = m\vec{v},$ $\qquad\qquad\qquad$ 速度：$\vec{v} = \dfrac{d\vec{r}}{dt}$ $\qquad$ (S.17)

（$\vec{r}$：位置，$\vec{F}$：力，m：質量）

それでは導出しましょう．一般的な運動方程式（(3.3)を参照）

$$\frac{d\vec{p}}{dt} = \vec{F}$$

の両辺に左から $\vec{r}$ との外積をとって，右辺に力のモーメントの定義 $\vec{N} = \vec{r} \times \vec{F}$ を用いると，

$$\vec{r} \times \frac{d\vec{p}}{dt} = \vec{N} \tag{S.18}$$

となります．

ここで，角運動量の定義

$$\vec{l} = \vec{r} \times \vec{p}$$

を時間で微分して(S.15)を用いると，

$$
\begin{aligned}
\frac{d\vec{l}}{dt} &= \frac{d\vec{r}}{dt} \times \vec{p} + \vec{r} \times \frac{d\vec{p}}{dt} \\
&= \vec{v} \times (m\vec{v}) + \vec{r} \times \frac{d\vec{p}}{dt} \\
&= \vec{r} \times \frac{d\vec{p}}{dt}
\end{aligned}
$$

速度：$\vec{v} = \dfrac{d\vec{r}}{dt}$
運動量：$\vec{p} = m\vec{v}$

(S.16)

となるので，これを(S.18)に代入すれば，

$$\frac{d\vec{l}}{dt} = \vec{N} \tag{S.19}$$

が得られます．

以上より，角運動量と力のモーメントの関係が導出できました．

付録1　有効数字と末位の桁数

A1-1　有効数字と末位の桁数

　有効数字は，原則，頭から数えた数字の数を表します．2.35 や 158 なら有効数字 3 桁，2.358 や 613.0 なら有効数字 4 桁となります．ただし，頭に 0 がつく場合は，それらの 0 は有効数字にはカウントしません．たとえば，0.16 も 0.016 も 0.00016 も有効数字 2 桁となります．
　末位の桁数は，一番最下位の桁の桁数を表します．15.2，102.6 や 0.8 の末位の桁数は小数第 1 位，2.59 や 6.20 の末位の桁数は小数第 2 位となり，3.141 や 3100.215 や 1.000 の末位の桁数は小数第 3 位となります．

[例題 A1.1]
　次の数値の有効数字と末位の桁数をそれぞれ求めなさい．
(1)　36.7　　(2)　25.586　　(3)　22.3　　(4)　1009　　(5)　2.3
(6)　2.30　　(7)　2.300　　(8)　0.23　　(9)　0.2300

[解]
(1)　有効数字：3 桁，　末位の桁数：小数第 1 位
(2)　有効数字：5 桁，　末位の桁数：小数第 3 位
(3)　有効数字：3 桁，　末位の桁数：小数第 1 位
(4)　有効数字：4 桁，　末位の桁数：1 の位
(5)　有効数字：2 桁，　末位の桁数：小数第 1 位
(6)　有効数字：3 桁，　末位の桁数：小数第 2 位
(7)　有効数字：4 桁，　末位の桁数：小数第 3 位
(8)　有効数字：2 桁，　末位の桁数：小数第 2 位
(9)　有効数字：4 桁，　末位の桁数：小数第 4 位

先頭の 0 は，有効数字に含まない．

A1-2　たし算，ひき算の処理の仕方

　たし算，ひき算は末位の桁数が大きい方に注目して，途中，これより 1 桁下げて計算し，最後は大きい方にそろえます．
　36.7 + 25.586 と 3.141 + 1009 と 20.16 − 0.0215 を例としてあげると，次のようになります．

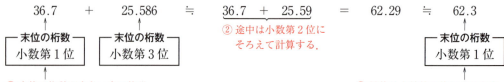

A1-3 かけ算，わり算の処理の仕方

　かけ算，わり算は有効数字の桁数が小さい方に注目して，途中，これより1桁下げて計算し，最後は小さい方にそろえます．

　36.7×25.5861 と 1.207×4 を例としてあげると，次のようになります．

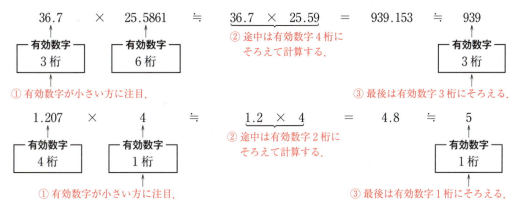

［例題 A1.2］
　次の数値の計算をしなさい．
(1)　$1000.22 + 1.01234$　　(2)　$263.1324 + 10.1$　　(3)　$6.1415926535 - 2$
(4)　3.52×2.000000　　(5)　14.1421×3.0　　(6)　3.1415926535×2

［解］

(1)〜(3)のたし算，ひき算は末位の桁数に注目し，(4)〜(6)のかけ算，わり算は有効数字に注目します．

(1)　1000.22 は末位の桁数が小数第2位．1.01234 は末位の桁数が小数第5位．
　よって，最終的な答えは末位の桁数を小数第2位にします．途中の段階では，末位の桁数を1桁下げた小数第3位まで考えます．
$$1000.22 + 1.01234 \fallingdotseq 1000.22 + 1.012 = 1001.232 \fallingdotseq 1001.23$$

(2)　263.1324 は末位の桁数が小数第4位．10.1 は末位の桁数が小数第1位．
　よって，最終的な答えは末位の桁数を小数第1位にします．途中の段階では，末位の桁数を1桁下げた小数第2位まで考えます．
$$263.1324 + 10.1 \fallingdotseq 263.13 + 10.1 = 273.23 \fallingdotseq 273.2$$

(3) 6.1415926535 − 2 は末位の桁数が小数第 10 位．2 は末位の桁数が 1 の位．

よって，最終的な答えは末位の桁数を 1 の位にします．途中の段階では，末位の桁数を 1 桁下げた小数第 1 位まで考えます．

$$6.1415926535 - 2 \fallingdotseq 6.1 - 2 = 4.1 \fallingdotseq 4$$

(4) 3.52 は有効数字 3 桁．2.000000 は有効数字 7 桁．

よって，最終的な答えは有効数字 3 桁にします．途中の段階では，1 桁下げた有効数字 4 桁まで考えます．

$$3.52 \times 2.000000 \fallingdotseq 3.52 \times 2.000 = 7.040 \fallingdotseq 7.04$$

(5) 14.1421 は有効数字 6 桁．3.0 は有効数字 2 桁．

よって，最終的な答えは有効数字 2 桁にします．途中の段階では，1 桁下げた有効数字 3 桁まで考えます．

$$14.1421 \times 3.0 \fallingdotseq 14.1 \times 3.0 = 42.3 \fallingdotseq 42$$

(6) 3.1415926535 は有効数字 11 桁．2 は有効数字 1 桁．

よって，最終的な答えは有効数字 1 桁にします．途中の段階では，1 桁下げた有効数字 2 桁まで考えます．

$$3.1415926535 \times 2 \fallingdotseq 3.1 \times 2 = 6.2 \fallingdotseq 6$$

付録2　関数，引数，値

関数とは，「数から数を出すはたらき」です．もとにする数を**引数**，出す数を**値**といいます．$y = f(x)$ と書いた場合，x が引数，f または $f(\ )$ が関数，y が値を表します．

引数，関数，値の違いは，なかなか理解しづらいことなので，以下では，"たとえ"を使って説明します．入口に数を1つ入れると，出口から1つ数が出てくる．そんなトンネルを思い浮かべてください．

どんな数を入れるとどんな数が出てくるかについては，トンネルごとに異なります．たとえば，あるトンネルは「2倍して3をたす」というルールになっているとします．具体的には次のようになります．

  トンネル
    入口に1を入れる　→　出口から5が出る．
    入口に2を入れる　→　出口から7が出る．
    入口に3を入れる　→　出口から9が出る．
      ⋮　　　　　　　　　⋮
    入口に10を入れる　→　出口から23が出る．
      ⋮　　　　　　　　　⋮

この入口に入れる数が引数，トンネルが関数，出口から出る数が値に対応します．$y = f(x)$ と書いた場合，x が入口に入れる数，f または $f(\ )$ がトンネル，y が出口から出る数を表します．

138   付録 2 関数, 引数, 値

　関数を「2倍して3をたす」や「2を引いて6乗したものから, 1をたして2乗したものに3をかけたものを引く」のように毎回言葉で表すのは大変です. そこで, 入口に入れる数を x などの変数で表します. そうすることによって,

$$\text{(2倍をして3をたす)} \quad \longrightarrow \quad f(x) = 2x + 3$$

$$\left(\begin{array}{l} \text{2を引いて6乗したものから} \\ \text{1をたして2乗したものに3} \\ \text{をかけたものを引く} \end{array} \right) \quad \longrightarrow \quad f(x) = (x - 2)^6 - 3(x + 1)^2$$

と見やすくなります.

　さて, $f(x)$ と書いた場合. 次の2つの意味にとることができます.

　・関数を意味する（つまり, トンネルを意味する）.

　・値を意味する（つまり, 出口から出る数を意味する）.

この2つはきちんと区別しながら学びましょう.

　関数にとって引数に使う文字は何でも構いません. 大事なのは f または $f(\ )$, つまりトンネルであり, 引数は x だろうと t だろうと, どんな文字を用いようが関係ありません. このことを強調するためにも, 引数をあえて・で表し, $f(\cdot)$ と書くこともあります.

付録3 三角関数

A3-1 角度の測り方

角度には，分度器による測り方と，半径1の円周の長さ（右端から反時計回りに巻きつけた糸の長さ）で測った測り方があり，前者は度(°)，後者はラジアン(rad)の単位で表されます．なお，角度にはθ（シータ）やϕ（ファイ）という文字をよく用います．

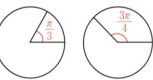

両者の対応を以下にまとめます．

度	0°	30°	45°	60°	90°	120°	135°	150°	180°	270°	360°
ラジアン	0	$\frac{\pi}{6}$	$\frac{\pi}{4}$	$\frac{\pi}{3}$	$\frac{\pi}{2}$	$\frac{2\pi}{3}$	$\frac{3\pi}{4}$	$\frac{5\pi}{6}$	π	$\frac{3\pi}{2}$	2π

A3-2 三角関数

図のような半径1の円において，OPとx軸がなす角度をθとするとき，y座標を$\sin\theta$と書いてサインシータ，x座標を$\cos\theta$と書いてコサインシータと読みます．さらに，$\sin\theta$を$\cos\theta$で割ったものを，

$$\tan\theta = \frac{\sin\theta}{\cos\theta} \qquad (A3.1)$$

と書いてタンジェントシータと読みます．

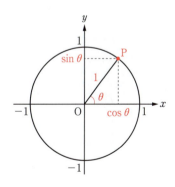

0°<θ<90°の範囲についていうならば，$\sin\theta$, $\cos\theta$, $\tan\theta$ はそれぞれ，

$$\sin\theta = \frac{高さ}{斜辺}, \quad \cos\theta = \frac{底辺}{斜辺}, \quad \tan\theta = \frac{高さ}{底辺}$$

と表されます．

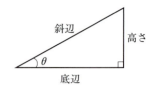

[例題 A3.1]

次の(1)～(12)の三角形において，x, y の値をそれぞれ求めなさい．ただし，θ, v_0 は正の定数とします．

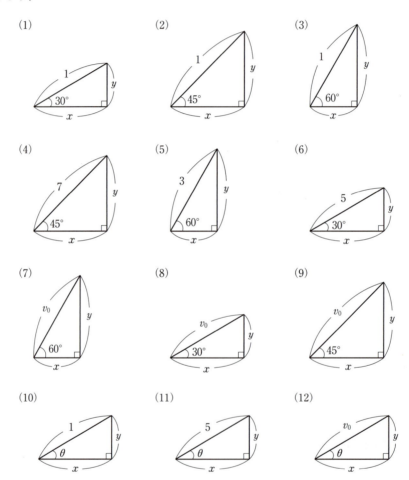

[解]

(1) $x = \dfrac{\sqrt{3}}{2}$, $y = \dfrac{1}{2}$ (2) $x = \dfrac{\sqrt{2}}{2}$, $y = \dfrac{\sqrt{2}}{2}$ (3) $x = \dfrac{1}{2}$, $y = \dfrac{\sqrt{3}}{2}$

(4) $x = \dfrac{7\sqrt{2}}{2}$, $y = \dfrac{7\sqrt{2}}{2}$ (5) $x = \dfrac{3}{2}$, $y = \dfrac{3\sqrt{3}}{2}$ (6) $x = \dfrac{5\sqrt{3}}{2}$, $y = \dfrac{5}{2}$

(7) $x = \dfrac{v_0}{2}$, $y = \dfrac{\sqrt{3}v_0}{2}$ (8) $x = \dfrac{\sqrt{3}v_0}{2}$, $y = \dfrac{v_0}{2}$ (9) $x = \dfrac{\sqrt{2}v_0}{2}$, $y = \dfrac{\sqrt{2}v_0}{2}$

(10) $x = \cos\theta$, $y = \sin\theta$ (11) $x = 5\cos\theta$, $y = 5\sin\theta$

(12) $x = v_0\cos\theta$, $y = v_0\sin\theta$

A3-3 $\sin^2\theta + \cos^2\theta = 1$ の証明

図より点 $P(x, y)$ は半径 1 の円上にあるので,
$$x^2 + y^2 = 1$$
を満たします．これに $\sin$, $\cos$ の定義である,
$$x = \cos\theta, \qquad y = \sin\theta$$
を代入して整理すると，次の関係式が得られます．
$$\sin^2\theta + \cos^2\theta = 1 \tag{A3.2}$$

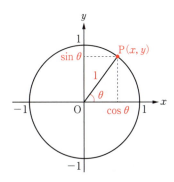

A3-4 $\sin(-\theta) = -\sin\theta$, $\cos(-\theta) = \cos\theta$ の証明

図のような点 O を中心とする半径 1 の円上に，x 軸となす角度 θ, $-\theta$ の点 $A(\cos\theta, \sin\theta)$, 点 $B(\cos(-\theta), \sin(-\theta))$ をとります（角度は左回りを正の向きにとるため，点 B の角度は $-\theta$ となります）．

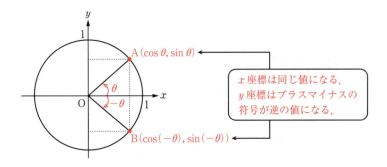

これら A, B の x 座標は同じ値になるので，
$$\cos\theta = \cos(-\theta)$$
となります．一方，A, B の y 座標はプラスマイナスの符号が逆になるので，
$$\sin\theta = -\sin(-\theta)$$
となります．よって，これらをまとめると次のようになります．
$$\sin(-\theta) = -\sin\theta, \qquad \cos(-\theta) = \cos\theta \tag{A3.3}$$

A3-5 $\sin(\theta + \pi/2) = \cos\theta$, $\cos(\theta + \pi/2) = -\sin\theta$ の証明

図のような点 O を中心とする半径 1 の円上に，x 軸となす角度 θ, $\theta + \dfrac{\pi}{2}$ の点 A $(\cos\theta, \sin\theta)$，点 B $\left(\cos\left(\theta + \dfrac{\pi}{2}\right), \sin\left(\theta + \dfrac{\pi}{2}\right)\right)$ をとります．

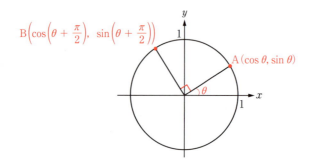

このとき，B の x 座標は A の y 座標 $\times (-1)$ に一致します．つまり，B の x 座標は A の y 座標と大きさが同じになり（左図の○印），プラスマイナスの符号が逆になります（図の B の x 座標はマイナスですが，A の y 座標はプラスになります）ので，

$$\cos\left(\theta + \dfrac{\pi}{2}\right) = -\sin\theta$$

となります．

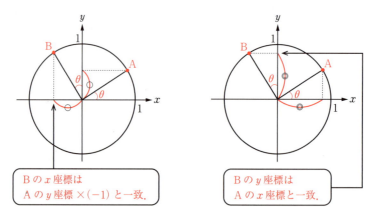

一方，B の y 座標は A の x 座標に一致します．つまり，B の y 座標は A の x 座標と大きさが同じになり（右図の◎印），プラスマイナスの符号が同じになります（図の B の y 座標も A の x 座標もともにプラスになります）ので，

$$\sin\left(\theta + \dfrac{\pi}{2}\right) = \cos\theta$$

となります．よって，これらをまとめると次のようになります．

$$\sin\left(\theta + \dfrac{\pi}{2}\right) = \cos\theta, \qquad \cos\left(\theta + \dfrac{\pi}{2}\right) = -\sin\theta \qquad (A3.4)$$

A3-6 加法定理の証明

図のような点 O を中心とする半径 1 の円上に，x 軸となす角度 α, $\alpha+\pi/2$ の点 A $(\cos\alpha, \sin\alpha)$，点 B $(-\sin\alpha, \cos\alpha)$ をとります．また，x 軸となす角度 $\alpha+\beta$ の点 P $(\cos(\alpha+\beta), \sin(\alpha+\beta))$ をとり，P から OA, OB に下ろした垂線の足（つまり垂線と OA, OB との交点）を点 S, T とします．

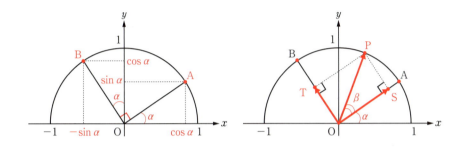

このとき，図より，
$$\overrightarrow{OS} = \cos\beta\, \overrightarrow{OA}, \qquad \overrightarrow{OT} = \sin\beta\, \overrightarrow{OB}$$
が成り立つので，これをベクトルのたし算
$$\overrightarrow{OP} = \overrightarrow{OS} + \overrightarrow{OT}$$
に代入すると，
$$\overrightarrow{OP} = \cos\beta\, \overrightarrow{OA} + \sin\beta\, \overrightarrow{OB}$$
となります．これらのベクトルを成分表示すると，
$$\begin{pmatrix} \cos(\alpha+\beta) \\ \sin(\alpha+\beta) \end{pmatrix} = \cos\beta \begin{pmatrix} \cos\alpha \\ \sin\alpha \end{pmatrix} + \sin\beta \begin{pmatrix} -\sin\alpha \\ \cos\alpha \end{pmatrix}$$
より，次の関係式が成り立ちます．この関係式を **加法定理** といいます．

$$\begin{cases} \cos(\alpha+\beta) = \cos\alpha\cos\beta - \sin\alpha\sin\beta \\ \sin(\alpha+\beta) = \sin\alpha\cos\beta + \cos\alpha\sin\beta \end{cases} \tag{A3.5}$$

付録4 ベクトル

A4-1 ベクトル

　ベクトルとは，向きと大きさをもつ矢印であり，$\vec{A}$, $\vec{B}$, $\vec{C}$ や $\boldsymbol{A}$, $\boldsymbol{B}$, $\boldsymbol{C}$ といった文字で表します（本書では $\vec{A}$, $\vec{B}$, $\vec{C}$ といった文字で表すことにします）．ベクトルは，向きが違っても別のベクトルであり，大きさが違っても別のベクトルです．ただし，平行移動は自由にして構いません．

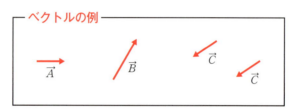

A4-2 ベクトルの成分表示

　ベクトル $\vec{A}$ を平行移動して，左図のように互いに直交する x, y, z 軸の原点 O に矢印の根元を移動させたとき，矢印の先を表す座標 A_x, A_y, A_z を x, y, z **成分**とよび，

$$\vec{A} = (A_x, A_y, A_z) \quad や \quad \vec{A} = \begin{pmatrix} A_x \\ A_y \\ A_z \end{pmatrix}$$

のように表し，こういった表現の仕方を**ベクトルの成分表示**といいます．

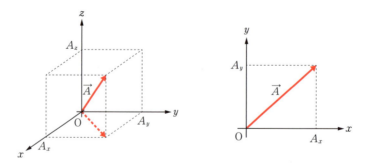

このとき，ベクトル $\vec{A}$ の大きさ $A = |\vec{A}|$ は

$$A = \sqrt{A_x^2 + A_y^2 + A_z^2} \tag{A4.1}$$

と表されます．なお，右図のようにベクトル $\vec{A}$ が xy 平面に平行な場合には，$\vec{A}$ を

$$\vec{A} = (A_x, A_y) \quad や \quad \vec{A} = \begin{pmatrix} A_x \\ A_y \end{pmatrix}$$

のように表し，このとき，ベクトル $\vec{A}$ の大きさ $A = |\vec{A}|$ は

$$A = \sqrt{A_x^2 + A_y^2} \tag{A4.2}$$

と表されます．

A4-3 ベクトルのたし算

図のような $\vec{A}$ と $\vec{B}$ のたし算を考えます．これには3通りの方法があります．

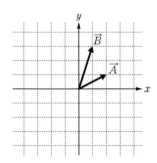

1つ目は，ベクトル $\vec{A}$ の矢印の先とベクトル $\vec{B}$ の根元をつなぎ，$\vec{A}$ の根元と $\vec{B}$ の先をつなげる方法です．2つ目は，$\vec{B}$ の矢印の先と $\vec{A}$ の根元をつなぎ，$\vec{B}$ の根元と $\vec{A}$ の先をつなげる方法です．3つ目は，$\vec{A}$ の根元と $\vec{B}$ の根元をつなぎ，それがつくる平行四辺形の対角線を $\vec{A} + \vec{B}$ とする方法です．

ベクトルは平行移動を自由にしてよいので，これらはすべて同じになります．

[例題 A4.1]
図のベクトル $\vec{A}$ とベクトル $\vec{B}$ から，ベクトル $\vec{A} + \vec{B}$ を図示しなさい．

[解]

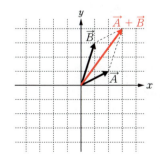

平行移動は自由にしてよいので
どこに描いてもOK

A4-4 ベクトルの定数倍

図のような $\vec{A}$ を2倍にすることと，$\vec{B}$ を -1 倍にすることを考えます．

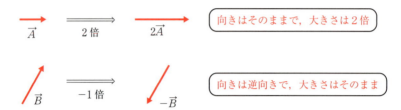

$\vec{A}$ を2倍にすることは，向きはそのままで，大きさは2倍にすることを意味します．また，$\vec{B}$ を -1 倍にすることは，大きさはそのままで，向きを逆向きにすることを意味します．

ここから，$\vec{C}$ を -3 倍にすることの意味もわかります．-3 を -1×3 と分ければよいのです．-1 倍は向きを逆向きにすることを意味し，3倍は大きさを3倍にすることを意味するので，-3 倍にすることは，向きは逆向きで，大きさは3倍にすることを意味します．

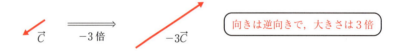

A4-5 ベクトルのひき算

ベクトルのたし算と定数倍の知識から，ひき算も計算ができます．図のような $\vec{A}$ と $\vec{B}$ のひき算を考えるときは，$\vec{A} - \vec{B}$ を $\vec{A} + (-\vec{B})$ のようにたし算へと変えてしまえばよいのです．

[例題 A4.2]

図のベクトル $\vec{A}$ とベクトル $\vec{B}$ から，ベクトル $\vec{A} - \vec{B}$ を図示しなさい．

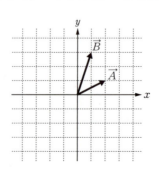

[解]

矢印の先と根元をつなぐ方法と，平行四辺形の対角線を考える方法の 2 通りの解き方を図示しておきます．$\vec{A} - \vec{B}$ の描いてある場所は違いますが，向きと大きさがそろっていれば，ベクトルは平行移動を自由にしてよいので，どちらも正解です．

（解 1）矢印の先と根元をつなぐ．　　　（解 2）平行四辺形の対角線を考える．

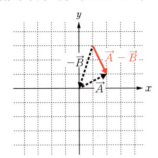 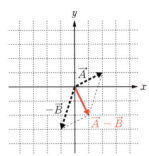

平行移動は自由にしてよいので，どちらも正解

A4-6　ベクトルの内積

ベクトル $\vec{A}$, $\vec{B}$ の内積は

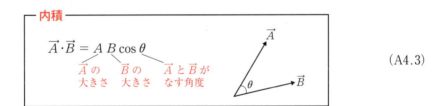
(A4.3)

というものであり，成分としては

$$\vec{A} \cdot \vec{B} = (A_x, A_y, A_z) \cdot (B_x, B_y, B_z) = A_x B_x + A_y B_y + A_z B_z \quad (A4.4)$$

と定義されます．

　内積の図形による定義は

$\vec{A} \cdot \vec{B} = A\,B\cos\theta$
　　　　　$\underbrace{A}_{\vec{A}の}\ \underbrace{B\cos\theta}_{\vec{B}のうち,\vec{A}に平行な成分}$
　　　　大きさ

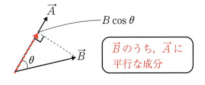

と考えることができます．つまり，矢印 $\vec{A}$ の長さと，$\vec{A}$ と同じ向きを向いた矢印 $\vec{B}$ の成分（長さ）をかけ算しているのです．

　また，

$\vec{A} \cdot \vec{B} = A\cos\theta\,B$
　　　　　$\underbrace{A\cos\theta}_{\vec{A}のうち,\vec{B}に平行な成分}\ \underbrace{B}_{\vec{B}の大きさ}$

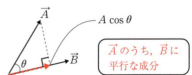

とも考えることができます．つまり，矢印 $\vec{B}$ の長さと，$\vec{B}$ と同じ向きを向いた矢印 $\vec{A}$ の成分をかけ算しているとみることもできます．

この2つのことから，内積は矢印と同じ向き同士の成分をかけ算したもの，と考えることができます．

そう考えると，ベクトルの内積を成分表示したものが

$$\vec{A}\cdot\vec{B} = (A_x, A_y, A_z)\cdot(B_x, B_y, B_z) = A_xB_x + A_yB_y + A_zB_z$$

と表されることも，その意味がわかります．それぞれのベクトルを x 成分，y 成分，z 成分に分解したときに，同じ成分同士，つまり同じ向きの矢印の長さをかけ算して，それらを合計したものが内積の成分表示になるわけです．ちなみに，この図は $\vec{A} = (A_x, A_y)$，$\vec{B} = (B_x, B_y)$ という2成分の場合の例ですが，3成分の場合もまったく同様です．

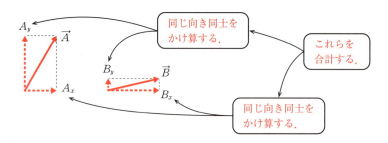

なお，内積の定義から，

$$\vec{A}\cdot\vec{B} = \vec{B}\cdot\vec{A} \tag{A4.5}$$

が成り立ちます．その理由は，座標による定義から

$$\vec{A}\cdot\vec{B} = A_xB_x + A_yB_y + A_zB_z, \qquad \vec{B}\cdot\vec{A} = B_xA_x + B_yA_y + B_zA_z$$

となり，両者が一致するからです．

A4-7 ベクトルの外積

ベクトル $\vec{A}$，$\vec{B}$ の外積は

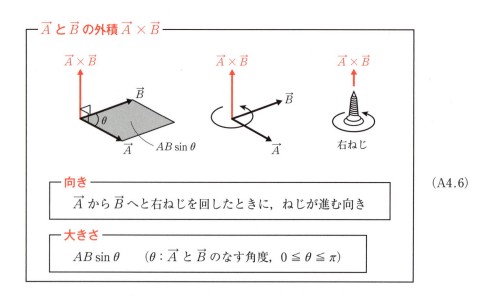

(A4.6)

というものであり，成分としては

$$\vec{A} \times \vec{B} = (A_y B_z - A_z B_y,\ A_z B_x - A_x B_z,\ A_x B_y - A_y B_x) \tag{A4.7}$$

と定義されます．

外積の定義については，右図のベクトル $\vec{A}$, $\vec{B}$ を使って説明できます．また，ベクトルは自由に平行移動をしてよいので，平行移動を利用して説明できます．

外積の大きさの図形による定義は

$$|\vec{A} \times \vec{B}| = \underbrace{A}_{\vec{A} \text{の大きさ}}\ \underbrace{B \sin\theta}_{\vec{B} \text{のうち，} \vec{A} \text{に垂直な成分}}$$

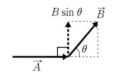

と考えることができます．つまり，矢印 $\vec{A}$ の長さと，$\vec{A}$ と垂直な向きを向いた矢印 $\vec{B}$ の成分（長さ）をかけ算しているとみなせます．

また，

$$|\vec{A} \times \vec{B}| = \underbrace{A \sin\theta}_{\vec{A} \text{のうち，} \vec{B} \text{に垂直な成分}}\ \underbrace{B}_{\vec{B} \text{の大きさ}}$$

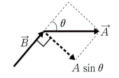

とも考えることができます．つまり，矢印 $\vec{B}$ の長さと，$\vec{B}$ と垂直な向きを向いた矢印 $\vec{A}$ の成分をかけ算しているともみなせます．

この 2 つのことから，外積の大きさは矢印と垂直な向き同士の成分をかけ算したもの，と考えることができます．

外積の成分については，図のような第 10 章の力のモーメントを例にとって話をするのがわかりやすいでしょう．

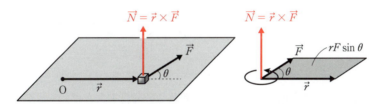

力の回転効果を表す力のモーメント $\vec{N} = (N_x, N_y, N_z)$ は，支点 O からの位置を表すベクトル $\vec{r} = (x, y, z)$ と，力 $\vec{F} = (F_x, F_y, F_z)$ を用いて，

$$\vec{N} = \vec{r} \times \vec{F} = (yF_z - zF_y, zF_x - xF_z, xF_y - yF_x)$$

と表せますが，このうち z 成分

$$N_z = xF_y - yF_x$$

に注目して，その意味について考えてみましょう．

この第 1 項の xF_y は，始点 O からの距離 x と，力の直角成分 F_y のかけ算を意味し，z 軸の正の向きから見て，左回りに回転させる意味をもちます．

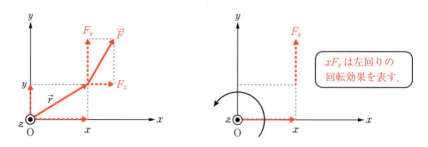

z 軸の正の向きから見て左回りというのは，右ねじの関係を使えば，$+z$ 方向に回転させる意味をもちます．

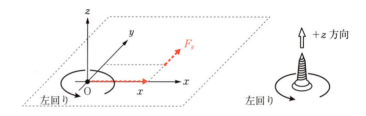

これに対して，第 2 項の yF_x は，始点 O からの距離 y と，力の直角成分 F_x のかけ算を意味し，z 軸の正の向きから見て，右回りに回転させる意味をもちます．

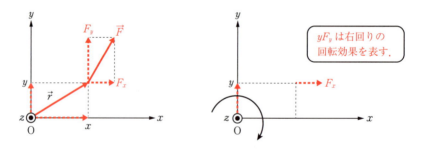

z 軸の正の向きから見て右回りというのは，右ねじの関係を使えば，$-z$ 方向に回転させる意味をもちます．

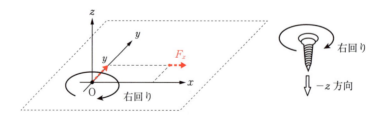

このように，xF_y と yF_x はともに z 軸のまわりの回転を表す量ですが，xF_y は $+z$ 方向，yF_x は $-z$ 方向となり，向きが逆になります．つまり，$+z$ 方向を正の向きとしてたしあわせた $xF_y - yF_x$ が，力のモーメントの z 成分

$$N_z = xF_y - yF_x$$

の意味だと考えることができます．同様にして，N_x，N_y もそれぞれ x 軸，y 軸のまわりの回転を表すと考えることができます．

なお，外積の定義から，平行なベクトル同士の外積は

A4-7 ベクトルの外積 151

$$\vec{A} \times (c\vec{A}) = \vec{0} \qquad (c \text{ は定数}) \qquad\qquad (A4.8)$$

のようにゼロになります．これは，図形的には，$\theta = 0$(またはπ)より大きさがゼロになるからです．また，成分で見ても，

$$\begin{aligned}
\vec{A} \times (c\vec{A}) &= (A_x, A_y, A_z) \times (cA_x, cA_y, cA_z) \\
&= (A_y cA_z - A_z cA_y, A_z cA_x - A_x cA_z, A_x cA_y - A_y cA_x) \\
&= (0, 0, 0)
\end{aligned}$$

となります．

章末問題解答

第 1 章

[1.1]

(1) $\bar{v} = \dfrac{\varDelta x}{\varDelta t} = \dfrac{90\,\text{m}}{30\,\text{s}} = 3.0\,\text{m/s}$　　(2) $\bar{v} = \dfrac{\varDelta x}{\varDelta t} = \dfrac{50\,\text{m}}{2.5\,\text{s}} = 20\,\text{m/s}$

(3) $\bar{v} = \dfrac{\varDelta x}{\varDelta t} = \dfrac{-60\,\text{m}}{4.0\,\text{s}} = -15\,\text{m/s}$

[1.2]

(1) 1 km = 1000 m と 1 h = 60 × 60 s（1 時間は 60 分で，60 × 60 秒であること）を用い，km/h が分数の形になっていることに注目して変形します．

$$36\,\text{km/h} = 36\,\frac{\text{km}}{\text{h}} = 36 \times 1000\,\frac{\text{m}}{\text{h}} = \frac{36 \times 1000}{60 \times 60}\,\frac{\text{m}}{\text{s}} = 10\,\frac{\text{m}}{\text{s}} = 10\,\text{m/s}$$

$\boxed{1\,\text{km} = 1000\,\text{m}}$　　$\boxed{1\,\text{h} = 60 \times 60\,\text{s}}$

(2) m/s から km/h への変換は，$1\,\text{m} = \dfrac{1}{1000}\,\text{km}$ と $1\,\text{s} = \dfrac{1}{60 \times 60}\,\text{h}$ を用い，m/s が分数の形になっていることに注目して変形します．

$\boxed{1\,\text{m} = \dfrac{1}{1000}\,\text{km}}$　　$\boxed{1\,\text{s} = \dfrac{1}{60 \times 60}\,\text{h}}$

$$25\,\text{m/s} = 25\,\frac{\text{m}}{\text{s}} = \frac{25}{1000}\,\frac{\text{km}}{\text{s}} = \frac{25}{1000 \times \dfrac{1}{60 \times 60}}\,\frac{\text{km}}{\text{h}}$$

$$= \frac{25 \times 60 \times 60}{1000}\,\frac{\text{km}}{\text{h}} = 90\,\frac{\text{km}}{\text{h}} = 90\,\text{km/h}$$

(3)

$\boxed{1\,\text{km} = 1000\,\text{m}}$　　$\boxed{1\,\text{h} = 60 \times 60\,\text{s}}$

$$165\,\text{km/h} = 165\,\frac{\text{km}}{\text{h}} = 165 \times 1000\,\frac{\text{m}}{\text{h}} = \frac{165 \times 1000}{60 \times 60}\,\frac{\text{m}}{\text{s}} = 45.83\cdots\,\frac{\text{m}}{\text{s}} \fallingdotseq 45.8\,\text{m/s}$$

[1.3]

(1) $\bar{a} = \dfrac{\varDelta v}{\varDelta t} = \dfrac{90\,\text{m/s}}{10\,\text{s}} = 9.0\,\text{m/s}^2$　　(2) $\bar{a} = \dfrac{\varDelta v}{\varDelta t} = \dfrac{75\,\text{m/s}}{25\,\text{s}} = 3.0\,\text{m/s}^2$

(3) $\bar{a} = \dfrac{\varDelta v}{\varDelta t} = \dfrac{-60\,\text{m/s}}{40\,\text{s}} = -1.5\,\text{m/s}^2$

[1.4]

(1) $\dfrac{d}{dt}(4) = 0$　　(2) $\dfrac{d}{dt}(-5t) = -5$　　(3) $\dfrac{d}{dt}(3t^2) = 2 \times 3t = 6t$

$\boxed{\dfrac{d}{dt}(A) = 0}$　　$\boxed{\dfrac{d}{dt}(At) = A}$　　$\boxed{\dfrac{d}{dt}(At^2) = 2At}$

(4) $\dfrac{d}{dt}(9t - 8) = \dfrac{d}{dt}(9t) + \dfrac{d}{dt}(-8) = 9 + 0 = 9$

$\boxed{\dfrac{d}{dt}(x + y) = \dfrac{dx}{dt} + \dfrac{dy}{dt}}$　　$\boxed{\dfrac{d}{dt}(At) = A \ \text{と} \ \dfrac{d}{dt}(A) = 0}$

[1.5]

(1) $\dfrac{d^2}{dt^2}(2t^2-9t) \underset{\text{2階微分の定義}}{=} \dfrac{d}{dt}\left\{\dfrac{d}{dt}(2t^2-9t)\right\} \underset{\frac{d}{dt}(x+y)=\frac{dx}{dt}+\frac{dy}{dt}}{=} \dfrac{d}{dt}\left\{\dfrac{d}{dt}(2t^2)+\dfrac{d}{dt}(-9t)\right\}$

$= \dfrac{d}{dt}(4t-9) = \dfrac{d}{dt}(4t)+\dfrac{d}{dt}(-9) = 4+0 = 4$

$\boxed{\dfrac{d}{dt}(At^2)=2At \text{ と } \dfrac{d}{dt}(At)=A \text{ と } \dfrac{d}{dt}(A)=0}$

(2) $\dfrac{d^2}{dt^2}(4t^2+t+3) \underset{\text{2階微分の定義}}{=} \dfrac{d}{dt}\left\{\dfrac{d}{dt}(4t^2+t+3)\right\} \underset{\frac{d}{dt}(x+y)=\frac{dx}{dt}+\frac{dy}{dt}}{=} \dfrac{d}{dt}\left\{\dfrac{d}{dt}(4t^2)+\dfrac{d}{dt}(t)+\dfrac{d}{dt}(3)\right\}$

$= \dfrac{d}{dt}(8t+1+0) = \dfrac{d}{dt}(8t+1) = \dfrac{d}{dt}(8t)+\dfrac{d}{dt}(1) = 8$

$\boxed{\dfrac{d}{dt}(At^2)=2At \text{ と } \dfrac{d}{dt}(At)=A \text{ と } \dfrac{d}{dt}(A)=0} \quad \boxed{\dfrac{d}{dt}(x+y)=\dfrac{dx}{dt}+\dfrac{dy}{dt}} \quad \boxed{\dfrac{d}{dt}(At)=A \text{ と } \dfrac{d}{dt}(A)=0}$

[1.6]

(1) $\int 9\,dt = 9t+C$ (2) $\int (-2t)\,dt = -t^2+C$

$\boxed{\int A\,dt = At+C} \qquad \boxed{\int At\,dt = \tfrac{1}{2}At^2+C}$

(3) $\int (7t-5)\,dt = \dfrac{7}{2}t^2-5t+C$

$\boxed{\int (At+B)\,dt = \tfrac{1}{2}At^2+Bt+C}$

第 2 章

[2.1]

物体 A にはたらく重力の大きさ : $4.0\times 9.8 = 39.2 \fallingdotseq 39\,\text{N}$

物体 B にはたらく重力の大きさ : $7.0\times 9.8 = 68.6 \fallingdotseq 69\,\text{N}$

[2.2]

(1) 斜面を下降しているとき　　(2) 投射されて右上に上昇しているとき

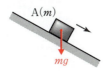

[2.3]

(1) 糸に引っ張られて床を右向きに移動しているとき　　(2) 糸で円運動しているとき

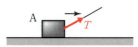

[2.4]   (1) 糸に引っ張られて床を右向きに移動しているとき　　(2) 円弧上の斜面を下降しているとき

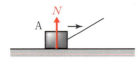
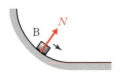

[2.5]   (1) ばねの伸びが x で静止しているとき　　(2) 床を右向きに移動しているとき

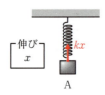
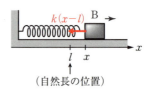

 コメント　ばねの伸びや縮みが $x-l$ なら，ばねの弾性力の大きさは $k(x-l)$ となります．

[2.6]   (1) 糸に引っ張られて上昇しているとき　　(2) 糸に引っ張られて斜面を上昇しているとき

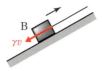

[2.7]

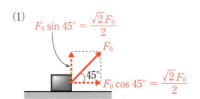
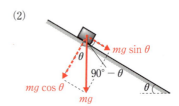

第 3 章

[3.1]

(1)

運動方程式
$ma = -mg$

(2)

運動方程式
$3ma = -3mg$

(3)

運動方程式
$Ma = Mg$

[3.2]

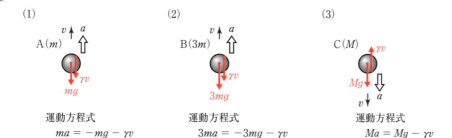

(1) A(m) 運動方程式 $ma = -mg - \gamma v$

(2) B($3m$) 運動方程式 $3ma = -3mg - \gamma v$

(3) C(M) 運動方程式 $Ma = Mg - \gamma v$

[3.3]
(1) 力の図示は右図のとおり．
(2) 運動方程式
$$ma = mg - kx$$

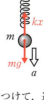

[3.4]
[指針]
(1) 加速度の向きは上向きなので，上向きの張力はそのまま，下向きの重力はマイナスの符号をつけて，運動方程式の右辺を書きましょう．
(2) 加速度の向きは下向きなので，下向きの重力はそのまま，上向きの張力はマイナスの符号をつけて，運動方程式の右辺を書きましょう．
(3) 静止しているということは速度がゼロのまま一定値をとるということなので，速度の変化を表す加速度はゼロとなります．その結果，運動方程式の左辺はゼロとなります．

[解]
(1) 運動方程式
$$4.0 \times 2.0 = T_1 - 4.0 \times 9.8$$
よって，
$$T_1 = 39.2 + 8.0 = 47.2 \fallingdotseq 47 \text{ N}.$$

(2) 運動方程式
$$4.0 \times 2.0 = 4.0 \times 9.8 - T_2$$
よって，
$$T_2 = 39.2 - 8.0 = 31.2 \fallingdotseq 31 \text{ N}.$$

(3) 運動方程式
$$4.0 \times 0 = T_3 - 4.0 \times 9.8$$
よって，
$$T_3 = 39.2 \fallingdotseq 39 \text{ N}.$$
なお，これは上向きの張力 T_3 と下向きの重力 $4.0 \times 9.8 = 39.2 \fallingdotseq 39$ N がつりあうことを意味します．

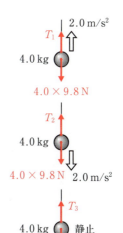

[3.5]
(1) 力の図示は右図のとおり．
(2) 運動方程式
$$3ma = F_0$$
(3) 力のつりあい
$$0 = N - 3mg$$
なお，この力のつりあいから，$N = 3mg$ と物体が受ける垂直抗力を求めることができます．

[3.6]
(1) 力の図示は右図のとおり．
(2) 運動方程式
$$ma = -mg\sin\theta$$
(3) 力のつりあい
$$0 = N - mg\cos\theta$$
なお，この力のつりあいから，物体が受ける垂直抗力を $N = mg\cos\theta$ と求めることができます．

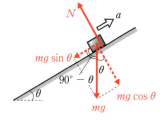

[3.7]
(1) 力の図示は右図のとおり．
(2) 運動方程式
$$ma = -k(x-l)$$
(3) 力のつりあい
$$0 = N - mg$$
なお，この力のつりあいから，物体が受ける垂直抗力を $N = mg$ と求めることができます．

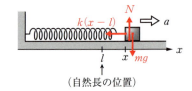

[3.8]
次元は，線密度は $[\mathrm{ML^{-1}}]$，波の速さは $[\mathrm{LT^{-1}}]$，張力は $[\mathrm{MLT^{-2}}]$ と表せることを考慮して，右辺の次元に注目すると，
$$\frac{[\mathrm{MLT^{-2}}]^x}{[\mathrm{ML^{-1}}]^x} = [\mathrm{L^2T^{-2}}]^x = [\mathrm{L^{2x}T^{-2x}}]$$
となり，これが左辺の次元である $[\mathrm{LT^{-1}}]$ に等しいことから $2x = 1$ かつ $-2x = -1$ より，$x = \dfrac{1}{2}$ と求まります．

第 4 章

[4.1]
(1) $x = -5t + 1$ を微分方程式の左辺に代入すると
$$\frac{dx}{dt} = \frac{d}{dt}(-5t+1) = \frac{d}{dt}(-5t) + \frac{d}{dt}(1) = -5 + 0 = -5$$
　　　　$\boxed{x = -5t+1\,\text{を代入}}$　　$\boxed{\dfrac{d}{dt}(x+y) = \dfrac{dx}{dt} + \dfrac{dy}{dt}}$　$\boxed{\dfrac{d}{dt}(At) = A,\ \dfrac{dA}{dt} = 0}$

となり，右辺と一致します．よって，$x = -5t + 1$ は解です．

(2) $x = -5t^2$ を微分方程式の左辺に代入すると
$$\frac{dx}{dt} = \frac{d}{dt}(-5t^2) = -10t$$
　　　　$\boxed{x = -5t^2\,\text{を代入}}$　$\boxed{\dfrac{d}{dt}(At^2) = 2At}$

となり，右辺と一致しません．よって，$x = -5t^2$ は解ではありません．

(3) $x = -5t + 4$ を微分方程式の左辺に代入すると
$$\frac{dx}{dt} = \frac{d}{dt}(-5t+4) = \frac{d}{dt}(-5t) + \frac{d}{dt}(4) = -5 + 0 = -5$$
　　　　$\boxed{x = -5t+4\,\text{を代入}}$　　$\boxed{\dfrac{d}{dt}(x+y) = \dfrac{dx}{dt} + \dfrac{dy}{dt}}$　$\boxed{\dfrac{d}{dt}(At) = A,\ \dfrac{dA}{dt} = 0}$

となり，右辺と一致します．よって，$x = -5t + 4$ は解です．

第 4 章　157

[4.2]

(1)　$x = -2t^2 + 3$ を微分方程式の左辺に代入すると

$$\frac{dx}{dt} = \frac{d}{dt}(-2t^2 + 3) = \frac{d}{dt}(-2t^2) + \frac{d}{dt}(3) = -4t + 0 = -4t$$

$x = -2t^2 + 3$ を代入　　$\dfrac{d}{dt}(x + y) = \dfrac{dx}{dt} + \dfrac{dy}{dt}$　　$\dfrac{d}{dt}(At^2) = 2At,\ \dfrac{dA}{dt} = 0$

となり，右辺と一致しません．よって，$x = -2t^2 + 3$ は解ではありません．

(2)　$x = -2t^2 + 3t + 8$ を微分方程式の左辺に代入すると，

$x = -2t^2 + 3t + 8$ を代入　　$\dfrac{d}{dt}(x + y) = \dfrac{dx}{dt} + \dfrac{dy}{dt}$

$$\frac{dx}{dt} = \frac{d}{dt}(-2t^2 + 3t + 8) = \frac{d}{dt}(-2t^2) + \frac{d}{dt}(3t) + \frac{d}{dt}(8) = -4t + 3 + 0$$
$$= -4t + 3$$

$\dfrac{d}{dt}(At^2) = 2At,\ \dfrac{d}{dt}(At) = A,\ \dfrac{dA}{dt} = 0$

となり，右辺と一致します．よって，$x = -2t^2 + 3t + 8$ は解です．

(3)　$x = -2t^2 + 3t$ を微分方程式の左辺に代入すると，

$$\frac{dx}{dt} = \frac{d}{dt}(-2t^2 + 3t) = \frac{d}{dt}(-2t^2) + \frac{d}{dt}(3t) = -4t + 3$$

$x = -2t^2 + 3t$ を代入　　$\dfrac{d}{dt}(x + y) = \dfrac{dx}{dt} + \dfrac{dy}{dt}$　　$\dfrac{d}{dt}(At^2) = 2At,\ \dfrac{d}{dt}(At) = A$

となり，右辺と一致します．よって，$x = -2t^2 + 3t$ は解です．

[4.3]

両辺を t で積分すると

$$\int \frac{dx}{dt}\, dt = \int (-5)\, dt$$

より，$C_1,\ C_2$ を積分定数として，

$$x + C_1 = -5t + C_2$$

となり，次の一般解が得られます．

$$x = -5t + C \qquad (C \text{ は任意定数})$$

┌ 第 1 章の積分のまとめより ─
$\displaystyle \int \frac{dx}{dt}\, dt = x + C,\ \int A\, dt = At + C$ で
これらの C を $C_1,\ C_2$ とおいた．

$C_2 - C_1$ をまとめて C とした．

[4.4]

両辺を t で積分すると，

$$\int \frac{dx}{dt}\, dt = \int 2\, dt$$

より，$C_1,\ C_2$ を積分定数として，

$$x + C_1 = 2t + C_2$$

となり，以下の一般解が得られます．

$$x = 2t + C \qquad (C \text{ は任意定数})$$

ここで，$t = 0$ を上式に代入すると，初期条件 $x(0) = 7$ より，

$$7 = 2 \cdot 0 + C$$

となり，$C = 7$ より，次の解が得られます．

$$x = 2t + 7$$

┌ 第 1 章の積分のまとめより ─
$\displaystyle \int \frac{dx}{dt}\, dt = x + C,\ \int A\, dt = At + C$ で
これらの C を $C_1,\ C_2$ とおいた．

$C_2 - C_1$ をまとめて C とした．

[4.5]

両辺を t で積分すると

$$\int \frac{d^2x}{dt^2}\, dt = \int 4\, dt$$

より，$C_1,\ C_2$ を積分定数として，

$$\frac{dx}{dt} + C_1 = 4t + C_2$$

となり，次の式が得られます．

$$\frac{dx}{dt} = 4t + C \qquad (C \text{ は任意定数})$$

┌ 第 1 章の積分のまとめより ─
$\displaystyle \int \frac{d^2x}{dt^2}\, dt = \frac{dx}{dt} + C,$
$\displaystyle \int A\, dt = At + C$
で，これらの C を $C_1,\ C_2$ とした．

$C_2 - C_1$ をまとめて C とした．

158　章末問題解答

さらに両辺を t で積分すると，

$$\int \frac{dx}{dt}\,dt = \int (4t + C)\,dt$$

より，D_1, D_2 を積分定数として，

$$x + D_1 = 2t^2 + Ct + D_2$$

となり，次の一般解が得られます．

$$x = 2t^2 + Ct + D \quad (D \text{ は任意定数})$$

┌─ 第1章の積分のまとめより ─────┐
$$\int \frac{dx}{dt}\,dt = x + C,$$
$$\int (At + B)\,dt = \frac{1}{2}At^2 + Bt + C$$
で，これらの C を D_1, D_2 とした．
└────────────────────┘

（$D_2 - D_1$ をまとめて D とした．）

任意定数には C でも D でも好きな文字を用いていいよ．

[4.6]

両辺を t で積分すると

$$\int \frac{d^2x}{dt^2}\,dt = \int 4\,dt$$

より，C_1, C_2 を積分定数として，

$$\frac{dx}{dt} + C_1 = 4t + C_2$$

となり，次の式が得られます．

$$\frac{dx}{dt} = 4t + C \quad (C \text{ は任意定数})$$

┌─ 第1章の積分のまとめより ─────┐
$$\int \frac{d^2x}{dt^2}\,dt = \frac{dx}{dt} + C,$$
$$\int A\,dt = At + C$$
で，これらの C を C_1, C_2 とした．
└────────────────────┘

（$C_2 - C_1$ をまとめて C とした．）

さらに両辺を t で積分すると，

$$\int \frac{dx}{dt}\,dt = \int (4t + C)\,dt$$

より，D_1, D_2 を積分定数として，

$$x + D_1 = 2t^2 + Ct + D_2$$

となり，次の一般解が得られます．

$$x = 2t^2 + Ct + D \quad (D \text{ は任意定数})$$

┌─ 第1章の積分のまとめより ─────┐
$$\int \frac{dx}{dt}\,dt = x + C,$$
$$\int (At + B)\,dt = \frac{1}{2}At^2 + Bt + C$$
で，これらの C を D_1, D_2 とした．
└────────────────────┘

（$D_2 - D_1$ をまとめて D とした．）

ここで，$t = 0$ をいま求めた

$$\frac{dx}{dt} = 4t + C, \qquad x = 2t^2 + Ct + D$$

に代入すると，初期条件 $x(0) = 7$, $\dfrac{dx(0)}{dt} = -2$ より，

$$-2 = 4 \cdot 0 + C, \qquad 7 = 2 \cdot 0^2 + C \cdot 0 + D$$

となり，$C = -2$, $D = 7$ より，次の解が得られます．

$$x = 2t^2 - 2t + 7$$

[4.7]

両辺を t で積分すると

$$\int \frac{d^2x}{dt^2}\,dt = \int 0\,dt$$

より，C_1, C_2 を積分定数として，

$$\frac{dx}{dt} + C_1 = C_2$$

となり，次の式が得られます．

$$\frac{dx}{dt} = C \quad (C \text{ は任意定数})$$

┌─ 第1章の積分のまとめより ─────┐
$$\int \frac{d^2x}{dt^2}\,dt = \frac{dx}{dt} + C,$$
$$\int A\,dt = At + C$$
で，これらの C を C_1, C_2 とした．
└────────────────────┘

（$C_2 - C_1$ をまとめて C とした．）

さらに両辺を t で積分すると,
$$\int \frac{dx}{dt} dt = \int C \, dt$$
より, D_1, D_2 を積分定数として,
$$x + D_1 = Ct + D_2$$
となり, 次の一般解が得られます.
$$x = Ct + D \quad (D \text{は任意定数})$$

> 第 1 章の積分のまとめより
> $\int \frac{dx}{dt} dt = x + C,$
> $\int (At + B) \, dt = \frac{1}{2} At^2 + Bt + C$
> で, これらの C を D_1, D_2 とした.

> $D_2 - D_1$ をまとめて D とした.

ここで, $t = 0$ をいま求めた
$$\frac{dx}{dt} = C, \qquad x = Ct + D$$
に代入すると, 初期条件 $x(0) = x_0$, $\dfrac{dx(0)}{dt} = v_0$ より,
$$v_0 = C, \qquad x_0 = C \cdot 0 + D$$
となり, $C = v_0$, $D = x_0$ より, 次の解が得られます.
$$\frac{dx}{dt} = v_0, \qquad x = v_0 t + x_0$$

これが**等速直線運動の公式**とよばれるものです (x：位置, t：時刻, v_0：初速度, x_0：初期位置). 一般によく見られる表現にあわせて順番を並べ替え, 速度 dx/dt を v と書き直してここにまとめます.

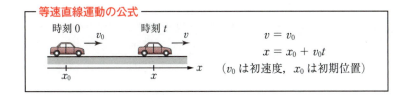

等速直線運動の公式
$v = v_0$
$x = x_0 + v_0 t$
(v_0 は初速度, x_0 は初期位置)

[4.8]
(1) 力の図示は右図のとおり. 運動方程式は, $ma = mg$.
(2) (1) より, $a = g$.
(3) 加速度 a は $a = \dfrac{d^2 x}{dt^2}$ と表せるので ((1.5)を参照), (2)は $\dfrac{d^2 x}{dt^2} = g$ となり, 両辺を t で積分すると,

$$\frac{dx}{dt} = gt + C \quad \cdots \text{(a)}$$
もう一度 t で積分すると, 次の式が得られます.
$$x = \frac{1}{2} gt^2 + Ct + D \quad \cdots \text{(b)}$$
C, D は積分定数であり, ここで $t = 0$ を(a), (b)式に代入すると, 初期条件 $v(0) = dx(0)/dt = v_0$, $x(0) = 0$ より,
$$v_0 = g \cdot 0 + C, \qquad 0 = \frac{1}{2} g \cdot 0^2 + C \cdot 0 + D$$
となるので, $C = v_0$, $D = 0$ より, 次の式が得られます.
$$v = v_0 + gt, \qquad x = v_0 t + \frac{1}{2} gt^2$$

📖 **参考**

(3)は微分方程式を解くことを通じてではなく, 等加速度直線運動の公式を用いて解くと以下のようになります.

(2)より加速度 a は一定とわかるので, 小球は等加速度直線運動をします. よって, 等加速度直線運動の公式
$$v = v_0 + at, \qquad x = x_0 + v_0 t + \frac{1}{2} at^2$$
が使えて, (2)より $a = g$ であり, 初期条件は問題文 (原点から初速度 v_0) より, $x_0 = 0$, $v_0 = v_0$ となります. よって, 次の式が得られます.

$$v = v_0 + gt, \qquad x = v_0 t + \frac{1}{2} g t^2$$

なお，上下運動の場合には x の代わりに y を用いて $v = v_0 + gt$, $y = v_0 t + \frac{1}{2} g t^2$ と表すことも多く，これらの式を**鉛直投げ下ろしの公式**ともいいます．

[4.9]
(1) 力の図示は右図のとおり．運動方程式は，$ma = -mg$.
(2) (1)より，$a = -g$.
(3) 加速度 a は $a = \dfrac{d^2 x}{dt^2}$ と表せるので(2)は $\dfrac{d^2 x}{dt^2} = -g$ となり，両辺を t で積分すると，

$$\frac{dx}{dt} = -gt + C \quad \cdots \text{(a)}$$

もう一度 t で積分すると，次の式が得られます．

$$x = -\frac{1}{2} g t^2 + Ct + D \quad \cdots \text{(b)}$$

C, D は積分定数であり，ここで $t = 0$ を(a), (b)式に代入すると，初期条件 $v(0) = dx(0)/dt = v_0$, $x(0) = x_0$ より，

$$v_0 = -g \cdot 0 + C, \qquad x_0 = -\frac{1}{2} g \cdot 0^2 + C \cdot 0 + D$$

となるので，$C = v_0$, $D = x_0$ より，次の式が得られます．

$$v = v_0 - gt, \qquad x = x_0 + v_0 t - \frac{1}{2} g t^2$$

参考

(3)は微分方程式を解くことを通じてではなく，等加速度直線運動の公式を用いて解くと以下のようになります．

(2)より加速度 a は一定とわかるので，小球は等加速度直線運動をします．よって，等加速度直線運動の公式

$$v = v_0 + at, \qquad x = x_0 + v_0 t + \frac{1}{2} a t^2$$

が使えて，(2)より $a = -g$ であり，初期条件は問題文（原点から初速度 v_0）より，$x_0 = x_0$, $v_0 = v_0$ となります．よって，次の式が得られます．

$$v = v_0 - gt, \qquad x = x_0 + v_0 t - \frac{1}{2} g t^2$$

第 5 章

[5.1]
(1) $x = \pm 9$ (2) $x - 1 = \pm 3 \iff x = 1 \pm 3 \iff x = 4 \text{ or } -2$

[5.2]
(1) $3^2 3^4 = \underbrace{3 \times 3}_{3^2} \times \underbrace{3 \times 3 \times 3 \times 3}_{3^4} = 3^6 = 729$

(2) $\dfrac{3^5}{3^2} = \dfrac{3 \times 3 \times 3 \times 3 \times 3}{3 \times 3} = 3^3 = 27$

(3) $(3^2)^4 = \underbrace{3 \times 3}_{3^2} \times \underbrace{3 \times 3}_{3^2} \times \underbrace{3 \times 3}_{3^2} \times \underbrace{3 \times 3}_{3^2} = 3^8 = 6561$

[5.3]
(1) $\log_4 4 = 1$　$\boxed{\log_a a = 1}$
(2) $\log_3 8 - \log_3 2 = \log_3 4$　$\boxed{\log_a M - \log_a N = \log_a \dfrac{M}{N}}$
(3) $\log_2 2^7 = 7 \log_2 2 = 7$　$\boxed{\log_a M^n = n \log_a M}$　$\boxed{\log_a a = 1}$

[5.4]

(1) $\log_e |x| = 4 \iff |x| = e^4 \iff x = \pm e^4$

対数の定義 / $|x| = h$ のとき, $x = \pm h$

対数の定義 (5.4) より
$\log_a M = p \iff M = a^p$

(2) $\log_e |x - 3| = 7 \iff |x - 3| = e^7 \iff x - 3 = \pm e^7 \iff x = 3 \pm e^7$

[5.5]

(1) $\dfrac{d}{dt}(6e^{4t}) = 4 \times 6e^{4t} = 24e^{4t}$

$\dfrac{d}{dt}(ae^{bx}) = abe^{bx}$ で $a = 6$, $b = 4$

(2) $\dfrac{d}{dt}(8 + 7e^{-2t}) = \dfrac{d}{dt}(8) + \dfrac{d}{dt}(7e^{-2t}) = 0 + 7 \times (-2)e^{-2t} = -14e^{-2t}$

$\dfrac{d}{dt}(x + y) = \dfrac{dx}{dt} + \dfrac{dy}{dt}$

$\dfrac{dA}{dt} = 0$, $\dfrac{d}{dt}(ae^{bx}) = abe^{bx}$ で $a = 7$, $b = -2$

(3) $\dfrac{d}{dt}(5 \log_e |t|) = \dfrac{5}{t}$ (4) $\dfrac{d}{dt}(2 \log_e |t - 3|) = \dfrac{2}{t - 3}$

$\dfrac{d}{dt}(a \log_e |t - b|) = \dfrac{a}{t - b}$ で, (3) は $a = 5$, $b = 0$, (4) は $a = 2$, $b = 3$

[5.6]

(1) $\displaystyle\int 5e^t \, dt = 5e^t + C$ (2) $\displaystyle\int 9e^{-2t} \, dt = -\dfrac{9}{2} e^{-2t} + C$

$\displaystyle\int ae^{bt} \, dt = \dfrac{a}{b} e^{bt} + C$ で, (1) は $a = 5$, $b = 1$, (2) は $a = 9$, $b = -2$

(3) $\displaystyle\int \dfrac{6}{t} \, dt = 6 \log_e |t| + C$ (4) $\displaystyle\int \dfrac{2}{t - 1} \, dt = 2 \log_e |t - 1| + C$

$\displaystyle\int \dfrac{a}{t - b} \, dt = a \log_e |t - b| + C$ で, (1) は $a = 6$, $b = 0$, (2) は $a = 2$, $b = 1$

[5.7]

次のように変形します.

$$\dfrac{1}{v} \dfrac{dv}{dt} = 3$$

両辺を v で割った.

両辺を t で積分すると,

$$\int \dfrac{1}{v} \dfrac{dv}{dt} \, dt = \int 3 \, dt$$

式変形のイメージ
$\displaystyle\int \dfrac{1}{v} \dfrac{dv}{dt} \, dt = \int 3 \, dt$

より,

$$\int \dfrac{1}{v} \, dv = \int 3 \, dt$$

$\displaystyle\int \dfrac{1}{v} \, dv = \log_e |v| + C_1$
$\displaystyle\int A \, dt = At + C_2$ で $A = 3$

が得られます. これを計算すると,

$$\log_e |v| = 3t + D \quad (D \text{ は任意定数})$$

(1.11)を参照

となり, ここから次の一般解が得られます.

$$v = Ce^{3t} \quad (C \text{ は任意定数})$$

詳しい途中計算は下にまとめて示す.

途中計算

積分を計算すると, C_1, C_2 を任意定数として,

$\log_e |v| + C_1 = 3t + C_2$ — $C_2 - C_1$ をまとめて D とおいた.
$\log_e |v| = 3t + D$ — 対数の定義(5.4)より
　　　　　　　　　$\log_a M = p \iff M = a^p$
よって,
$|v| = e^{3t+D}$ — $|x| = h$ のとき, $x = \pm h$
$v = \pm e^{3t+D}$
$ = \pm e^{3t} e^D$ — $e^{x+y} = e^x e^y$ を用いた.
$ = \pm e^D e^{3t}$
$ = Ce^{3t}$ — $\pm e^D$ をまとめて C とおいた.

[5.8]

次のように変形します．
$$\frac{1}{v-9}\frac{dv}{dt} = -8$$

両辺を t で積分すると，
$$\int \frac{1}{v-9}\frac{dv}{dt}\,dt = \int (-8)\,dt$$

が得られます．これを計算すると，
$$\int \frac{1}{v-9}\,dv = \int (-8)\,dt$$

より，
$$\log_e |v-9| = -8t + D \quad (D \text{ は任意定数})$$

となり，ここから次の一般解が得られます．
$$v = 9 + Ce^{-8t} \quad (C \text{ は任意定数})$$

- 両辺を $v-9$ で割った．
- 式変形のイメージ
  $$\int \frac{1}{v-9}\frac{dv}{dt}\,dt = \int (-8)\,dt$$
  $$\int \frac{a}{v-b}\,dv = a\log_e |v-b| + C_1$$
  $$\int A\,dt = At + C_2 \text{ で } A = -8$$
  (1.11) を参照
- 詳しい途中計算は下にまとめて示す．

途中計算

積分を計算すると，C_1，C_2 を任意定数として，
$$\log_e |v-9| + C_1 = -8t + C_2$$
$$\log_e |v-9| = -8t + D$$
よって，
$$|v-9| = e^{-8t+D}$$
$$v - 9 = \pm e^{-8t+D}$$
$$= \pm e^{-8t}e^D$$
$$= \pm e^D e^{-8t}$$
$$= Ce^{-8t}$$

- $C_2 - C_1$ をまとめて D とおいた．
- 対数の定義 (5.4) より
  $\log_a M = p \iff M = a^p$
- $|x| = h$ のとき，$x = \pm h$
- $e^{x+y} = e^x e^y$ を用いた．
- $\pm e^D$ をまとめて C とおいた．

これより，
$$v = 9 + Ce^{-8t}$$

[5.9]

次のように変形します．
$$\frac{1}{v-3}\frac{dv}{dt} = -2$$

両辺を t で積分すると，
$$\int \frac{1}{v-3}\,dv = \int (-2)\,dt$$

より，
$$\log_e |v-3| = -2t + D \quad (D \text{ は任意定数})$$

となり，ここから次の一般解が得られます．
$$v = 3 + Ce^{-2t} \quad (C \text{ は任意定数})$$

ここで $t = 0$ を上式に代入すると，初期条件 $v(0) = 0$ より，
$$0 = 3 + Ce^{-2 \cdot 0}$$

となり，$C = -3$ より，次の解が得られます．
$$v = 3 - 3e^{-2t}$$

グラフは図のようになります．

- 両辺を $v-3$ で割った．
- 式変形のイメージ
  $$\int \frac{1}{v-3}\frac{dv}{dt}\,dt = \int (-2)\,dt$$
- ここまでは [5.8] とまったく同じ流れ．

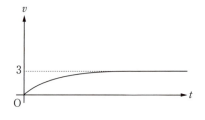

[5.10]

(1) 物体が受ける垂直抗力を N とすると，力の図示は右図のとおり．

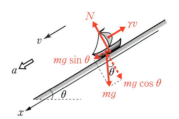

運動方程式
$$ma = mg\sin\theta - \gamma v$$
力のつりあい
$$0 = N - mg\cos\theta$$

(2) (1)より，$a = g\sin\theta - \dfrac{\gamma}{m}v$．これを変形して，$a = -\dfrac{\gamma}{m}\left(v - \dfrac{mg\sin\theta}{\gamma}\right)$．

(3) 加速度 a は $a = \dfrac{dv}{dt}$ と表せることより，(2)は
$$\frac{1}{v - mg\sin\theta/\gamma}\frac{dv}{dt} = -\frac{\gamma}{m}$$
と表せます．両辺を t で積分すると，
$$\log\left|v - \frac{mg\sin\theta}{\gamma}\right| = -\frac{\gamma}{m}t + D$$
より，次の式が得られます（C, D は任意定数）．
$$v = \frac{mg\sin\theta}{\gamma} + Ce^{-\frac{\gamma}{m}t}$$
ここで $t = 0$ を上式に代入すると，初期条件 $v(0) = 0$ より，
$$0 = \frac{mg\sin\theta}{\gamma} + Ce^{-\frac{\gamma}{m}\cdot 0}$$
となるので，$C = -\dfrac{mg\sin\theta}{\gamma}$ と求まり，次の式が得られます．
$$v = \frac{mg\sin\theta}{\gamma} - \frac{mg\sin\theta}{\gamma}e^{-\frac{\gamma}{m}t}$$

(4) (3)で $t \to \infty$ とすると，
$$v = \frac{mg\sin\theta}{\gamma} - \frac{mg\sin\theta}{\gamma}e^{-\frac{\gamma}{m}t} \longrightarrow \frac{mg\sin\theta}{\gamma}$$
よって，$v_{\mathrm{t}} = \dfrac{mg\sin\theta}{\gamma}$．

第 6 章

[6.1]

(1) $\dfrac{d}{dt}(2\sin t) = 2\cos t$

　　$\dfrac{d}{dt}\{a\sin(bt+d)\} = ab\cos(bt+d)$ で $a=2$, $b=1$, $d=0$

(2) $\dfrac{d}{dt}(\cos 3t) = -3\sin 3t$

　　$\dfrac{d}{dt}\{a\cos(bt+d)\} = -ab\sin(bt+d)$ で $a=1$, $b=3$, $d=0$

(3) $\dfrac{d}{dt}\{5\sin(8t+9)\} = 5 \times 8\cos(8t+9) = 40\cos(8t+9)$

　　$\dfrac{d}{dt}\{a\sin(bt+d)\} = ab\cos(bt+d)$ で $a=5$, $b=8$, $d=9$

164   章末問題解答

(4)　$\dfrac{d}{dt}\{3\cos(2t-3)\} = -3\times 2\sin(2t-3) = -6\sin(2t-3)$

> $\dfrac{d}{dt}\{a\cos(bt+d)\} = -ab\sin(bt+d)$ で $a=3,\ b=2,\ d=-3$

[6.2]

(1)　$\displaystyle\int \cos 2t\,dt = \dfrac{1}{2}\sin 2t + C$

> $\displaystyle\int a\cos(bt+d)\,dt = \dfrac{a}{b}\sin(bt+d) + C$ で $a=1,\ b=2,\ d=0$

(2)　$\displaystyle\int 6\sin t\,dt = -6\cos t + C$

> $\displaystyle\int a\sin(bt+d)\,dt = -\dfrac{a}{b}\cos(bt+d) + C$ で $a=6,\ b=1,\ d=0$

(3)　$\displaystyle\int 9\cos(3t-4)\,dt = 3\sin(3t-4) + C$

> $\displaystyle\int a\cos(bt+d)\,dt = \dfrac{a}{b}\sin(bt+d) + C$ で $a=9,\ b=3,\ d=-4$

(4)　$\displaystyle\int 4\sin(5t+1)\,dt = -\dfrac{4}{5}\cos(5t+1) + C$

> $\displaystyle\int a\sin(bt+d)\,dt = -\dfrac{a}{b}\cos(bt+d) + C$ で $a=4,\ b=5,\ d=1$

[6.3]

　$x = A\sin(\omega t + \theta_0)$ という解を仮定します．まず左辺を計算すると，

> 2 階微分の定義
>
> $\dfrac{d}{dt}\{a\sin(bt+d)\} = ab\cos(bt+d)$

$$\dfrac{d^2x}{dt^2} = \dfrac{d}{dt}\left[\dfrac{d}{dt}\{A\sin(\omega t + \theta_0)\}\right] = \dfrac{d}{dt}\{A\omega\cos(\omega t + \theta_0)\}$$

$$= -A\omega^2\sin(\omega t + \theta_0)$$

> $\dfrac{d}{dt}\{a\cos(at+d)\} = -ab\sin(bt+d)$

となり，次に右辺を計算すると，

$$-2x = -2A\sin(\omega t + \theta_0)$$

となります．よって，

$$\omega^2 = 2$$

> 左辺 $= -A\omega^2\sin(\omega t + \theta_0)$
> 右辺 $= -2A\sin(\omega t + \theta_0)$
> → $\omega^2 = 2$ なら，左辺 ＝ 右辺

つまり

$$\omega = \sqrt{2}$$

> 角振動数 ω は $\omega \geqq 0$ が前提

ならば両辺が等しくなり，確かに $x = A\sin(\omega t + \theta_0)$ は解となります．しかも $\dfrac{d^2x}{dt^2} = -2x$ は 2 階の微分方程式であるのに対し，この解は A と θ_0 という 2 個の任意定数を含んでいるので，この解は一般解といえます．

　以上より，求める一般解は次式になります．

$$x = A\sin(\sqrt{2}\,t + \theta_0)$$

[6.4]

　$x = A\sin(\omega t + \theta_0)$ という解を仮定します．まず左辺を計算すると

$$\dfrac{d^2x}{dt^2} = \dfrac{d}{dt}\left[\dfrac{d}{dt}\{A\sin(\omega t + \theta_0)\}\right] = \dfrac{d}{dt}\{A\omega\cos(\omega t + \theta_0)\} = -A\omega^2\sin(\omega t + \theta_0)$$

となり，次に右辺を計算すると，

$$-6x = -6A\sin(\omega t + \theta_0)$$

となります．よって，角振動数 ω は $\omega \geqq 0$ という前提があることを考慮して

> 左辺 $= -A\omega^2\sin(\omega t + \theta_0)$
> 右辺 $= -6A\sin(\omega t + \theta_0)$
> → $\omega^2 = 6$ なら，左辺 ＝ 右辺

ならば両辺が等しくなり，確かに $x = A\sin(\omega t + \theta_0)$ は解となります．しかも，この解は A と θ_0 という 2 個の任意定数を含んでいるので，この解は一般解といえて，次式で表せます．

$$x = A\sin(\sqrt{6}\,t + \theta_0)$$

これを微分すると，次の式が得られます．

$$\frac{dx}{dt} = \sqrt{6}\,A\cos(\sqrt{6}\,t + \theta_0) \quad \longleftarrow \boxed{\text{初期条件を用いる準備}}$$

ここで $t = 0$ を上式に代入すると，初期条件 $x(0) = 8$, $\dfrac{dx(0)}{dt} = 0$ より，

$$8 = A\sin(\sqrt{6}\,t + \theta_0), \quad 0 = \sqrt{6}\,A\cos(\sqrt{6}\,t + \theta_0)$$

となるので，$(A \geq 0,\ 0 \leq \theta_0 < 2\pi$ より$)$ $A = 8$, $\theta_0 = \dfrac{\pi}{2}$ と求まり，次の式が得られます．

$$x = 8\sin\left(\sqrt{6}\,t + \frac{\pi}{2}\right) = 8\cos(\sqrt{6}\,t)$$

$\boxed{\sin\left(\theta + \dfrac{\pi}{2}\right) = \cos\theta \text{ は付録 3 の (A3.4) を参照してね．}}$

[6.5]

(1) 力を図示すると右図のとおり．
運動方程式
$$ma = -kx$$

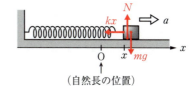
（自然長の位置）

(2) (1)より，$a = -\dfrac{k}{m}x$.

(3) 加速度 a は $a = \dfrac{d^2x}{dt^2}$ と表せることより，(2)は

$$\frac{d^2x}{dt^2} = -\frac{k}{m}x$$

と表せます．この微分方程式に対し，$x = A\sin(\omega t + \theta_0)$ という解を仮定します．まず，左辺を計算すると

$$\frac{d^2x}{dt^2} = \frac{d}{dt}\left[\frac{d}{dt}\{A\sin(\omega t + \theta_0)\}\right] = -A\omega^2\sin(\omega t + \theta_0)$$

となり，右辺を計算すると，

$$-\frac{k}{m}x = -\frac{k}{m}A\sin(\omega t + \theta_0)$$

となります．よって，（角振動数 ω は $\omega \geq 0$ という前提があることを考慮して）

$$\omega = \sqrt{\frac{k}{m}}$$

ならば両辺が等しくなり，確かに $x = A\sin(\omega t + \theta_0)$ は解となります．しかも，この解は A と θ_0 という 2 個の任意定数を含んでいるので一般解といえて，次式で表せます．

$$x = A\sin\left(\sqrt{\frac{k}{m}}\,t + \theta_0\right)$$

また，速度 v は定義 $v = dx/dt$ より，

$$v = A\sqrt{\frac{k}{m}}\cos\left(\sqrt{\frac{k}{m}}\,t + \theta_0\right)$$

となります．ここで $t = 0$ を上式に代入すると，初期条件 $x(0) = d$, $\dfrac{dx(0)}{dt} = 0$ より，

$$d = A\sin\left(\sqrt{\frac{k}{m}}\,t + \theta_0\right), \quad 0 = A\sqrt{\frac{k}{m}}\cos\left(\sqrt{\frac{k}{m}}\,t + \theta_0\right)$$

となるので，$(A \geq 0,\ 0 \leq \theta_0 < 2\pi$ より$)$ $A = d$, $\theta_0 = \dfrac{\pi}{2}$ と求まり，次の式が得られます．

$$x = d\sin\left(\sqrt{\frac{k}{m}}\,t + \frac{\pi}{2}\right) = d\cos\left(\sqrt{\frac{k}{m}}\,t\right)$$

> $\sin\left(\theta + \frac{\pi}{2}\right) = \cos\theta$ は付録 3 の (A3.4) を参照してね．

第 7 章

[7.1]

運動量の定義をそのまま用います．

(1) $p_A = m_A v_A = 2.0 \times 6.0 = 12\,\text{kg·m/s}$

(2) $p_B = m_B v_B = 5.0 \times 7.0 = 35\,\text{kg·m/s}$

(3) $p_C = m_C v_C = 4.0 \times (-3.0) = -12\,\text{kg·m/s}$

[7.2]

力積の定義をそのまま用います．

(1) $I_A = F_A \Delta t_A = 7.0 \times 4.0 = 28\,\text{N·s}$

(2) $I_B = F_B \Delta t_B = 3.0 \times 8.0 = 24\,\text{N·s}$

(3) $I_C = F_C \Delta t_C = -4.0 \times 2.0 = -8.0\,\text{N·s}$

[7.3]

力が一定の時間ごとに，力 × 時間を計算してたせば求められます．
$$I = F_1 \Delta t_1 + F_2 \Delta t_2 + F_3 \Delta t_3 = 5.0 \times 2.0 + 3.0 \times 4.0 + 6.0 \times 3.0 = 40\,\text{N·s}$$

[7.4]

運動量と力積の関係より，$2.0 \times 9.0 - 2.0 \times 3.0 = I$．よって，$I = 12\,\text{N·s}$．

[7.5]

(1) A が受ける水平方向の力は B から受ける左向きの動摩擦力のみであり，B が受ける水平方向の力は A から受ける右向きの動摩擦力のみです．そして，これらは作用・反作用の法則から常に逆向きで同じ大きさになるので，A, B が受ける力積 I_A, I_B は正負の符号が逆になり，その合計がゼロとなります．よって，運動量保存則は成立します．

(2) A が受ける水平方向の力は B から受ける左向きの動摩擦力のみですが，B が受ける水平方向の力は A から受ける右向きの動摩擦力に加えて，床から左向きに受ける動摩擦力があります．そのため，A, B が受ける力積 I_A, I_B の合計がゼロとなりません．よって，運動量保存則は成立しません．

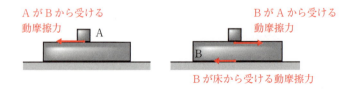

[7.6]

求める速度を v とすると，運動量保存則より，$2.0 \times 6.0 + 1.0 \times 0 = (2.0 + 1.0)\,v$
よって，$v = 4.0\,\text{m/s}$．

第 8 章

[8.1]
(1) $K_A = \frac{1}{2} m_A v_A{}^2 = \frac{1}{2} \times 4.0 \times 3.0^2 = 18\,\text{J}$ (2) $K_B = \frac{1}{2} m_B v_B{}^2 = \frac{1}{2} \times 2.0 \times 7.0^2 = 49\,\text{J}$

[8.2]
仕事の定義をそのまま用います．
(1) $W_A = F_A \Delta x_A = 5.0 \times 3.0 = 15\,\text{J}$
(2) $W_B = F_B \Delta x_B = 2.0 \times 4.0 = 8.0\,\text{J}$

[8.3]
(1) 力の移動成分が $4.0 \cos 60° = 2.0\,\text{N}$ となるので，$W_A = 2.0 \times 7.0 = 14\,\text{J}$
(2) 力の移動成分が（逆向きに大きさ $6.0 \cos 60° = 3.0\,\text{N}$ なので）$-3.0\,\text{N}$ より，
$$W_B = -3.0 \times 5.0 = -15\,\text{J}$$
（$W = F \cos\theta \cdot \Delta x$ から，$W_B = 6.0 \cos 120° \times 5.0 = -15\,\text{J}$ と考えても構いません．）

[8.4]
力の移動成分が一定の区間ごとに，（力の移動成分）×（移動距離）を計算して，それらをたし算します．
$$W = F_1 \cos\theta_1 \cdot \Delta x_1 + F_2 \cos\theta_2 \cdot \Delta x_2 + F_3 \cos\theta_3 \cdot \Delta x_3 + F_4 \cos\theta_4 \cdot \Delta x_4$$

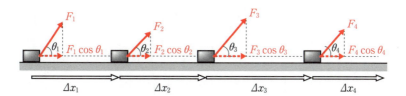

[8.5]
すべての区間で力の向きと移動経路の向きが同じなので，それぞれの区間ごとに，（力の大きさ）×（移動距離）を計算して，それらをたし算します．
$$W = F_1 \Delta r_1 + F_2 \Delta r_2 + F_3 \Delta r_3 + F_4 \Delta r_4$$

[8.6]
運動エネルギーと仕事の関係より，$\frac{1}{2} \times 4.0 \times 4.0^2 - \frac{1}{2} \times 4.0 \times 3.0^2 = W$．よって，$W = 14\,\text{J}$．

[8.7]
(1) 物体が受ける垂直抗力を N とすると，力のつりあいより，$0 = N - mg\cos\theta$．
よって，$N = mg\cos\theta$．
動摩擦力が物体にした仕事を W_1 とすると，動摩擦力の移動成分が $-\mu' N$ となることを考慮して，
$$W_1 = -\mu' N \Delta x = -\mu' mg \cos\theta \cdot \Delta x$$
(2) 運動エネルギーと仕事の関係より，$\frac{1}{2} m \cdot 0^2 - \frac{1}{2} mv_0{}^2 = -mg\sin\theta \cdot \Delta x - \mu' mg \cos\theta \cdot \Delta x$
よって，$\Delta x = \dfrac{v_0{}^2}{2g(\sin\theta + \mu' \cos\theta)}$．

👉 **アドバイス**
途中，物体にはたらく力は，重力と垂直抗力と動摩擦力です．このうち，動摩擦力の仕事は(1)で求めた $W_1 = -\mu' N \Delta x = -\mu' mg \cos\theta \cdot \Delta x$ になります．重力の仕事を W_2 とすると，重力の移動成分が $-mg\sin\theta$ となることを考慮して $W_2 = -mg\sin\theta \cdot \Delta x$ となります．垂直抗力の仕事を W_3 とすると，垂直抗力は移動方向に対して常に直角なので $W_3 = 0$ となります．これらを用いて，運動エネルギーと仕事の関係
$$\frac{1}{2} m \cdot 0^2 - \frac{1}{2} mv_0{}^2 = W_1 + W_2 + W_3$$
から Δx を求めます．

〈別解〉

物体の加速度を a（右向き正）とすると，運動方程式 $ma = -mg\sin\theta - \mu' N$

これに(1)を用いて整理すると，$a = -g(\sin\theta - \mu'\cos\theta)$．よって，初速を与えてから止まるまでの時間を t とすると，等加速度直線運動の式より，$0 = v_0 + at$，$\Delta x = v_0 t + \dfrac{1}{2}at^2$．

これを解いて，$t = \dfrac{v_0}{g(\sin\theta + \mu'\cos\theta)}$，$\Delta x = \dfrac{v_0^2}{2g(\sin\theta + \mu'\cos\theta)}$．

👉 アドバイス

今回の問題では，加速度が一定なので，等加速度直線運動の式を用いて解答してもよいです．

第 9 章

[9.1]

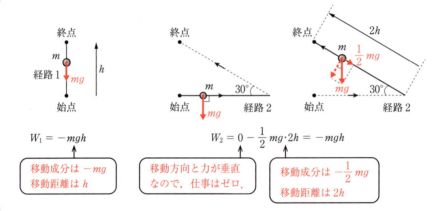

[9.2]

[指針] 運動エネルギー，重力による位置エネルギー，ばねによる位置エネルギー，そして，それらの合計である力学的エネルギーを表でまとめるとわかりやすくなります．

	点 A（はじめ）	点 B を通過するとき	ばねが最も縮んだとき
運動エネルギー	$\dfrac{1}{2}mv_0^2$	$\dfrac{1}{2}mv^2$	$\dfrac{1}{2}m \cdot 0^2$
重力による位置エネルギー	mgh	$mg \cdot 0$	$mg \cdot 0$
ばねによる位置エネルギー	$\dfrac{1}{2}k \cdot 0^2$	$\dfrac{1}{2}k \cdot 0^2$	$\dfrac{1}{2}kd^2$
力学的エネルギー	$\dfrac{1}{2}mv_0^2 + mgh + \dfrac{1}{2}k \cdot 0^2$	$\dfrac{1}{2}mv^2 + mg \cdot 0 + \dfrac{1}{2}k \cdot 0^2$	$\dfrac{1}{2}m \cdot 0^2 + mg \cdot 0 + \dfrac{1}{2}kd^2$

途中，物体にはたらく力は重力とばねの弾性力と垂直抗力であり，そのうち，垂直抗力は非保存力ですが，進む向きに対して常に直角なので，その仕事はゼロとなります．よって，力学的エネルギー保存則が成立します．

(1) 力学的エネルギー保存則より，

$$\dfrac{1}{2}mv_0^2 + mgh + \dfrac{1}{2}k \cdot 0^2 = \dfrac{1}{2}mv^2 + mg \cdot 0 + \dfrac{1}{2}k \cdot 0^2, \quad \text{よって，} v = \sqrt{v_0^2 + 2gh}.$$

✏️ コメント (2)で d の値をきいているので，(1)の答えに d は用いないようにしましょう．

(2) 力学的エネルギー保存則より，

$$\dfrac{1}{2}mv_0^2 + mgh + \dfrac{1}{2}k \cdot 0^2 = \dfrac{1}{2}m \cdot 0^2 + mg \cdot 0 + \dfrac{1}{2}kd^2, \quad \text{よって，} d = \sqrt{\dfrac{m(v_0^2 + 2gh)}{k}}.$$

[9.3]
(1) 力の図示は図のようになります．

力のつりあいより，
$0 = F - mg$
よって，
$F = mg$　上向き．

[(2)の指針]　(1)より外力 F は一定とわかります．また外力の向きは移動の向きと同じになります．よって，外力 F がした仕事は，(仕事) = (力) × (移動距離) から求めることができます．

(2) 外力がした仕事 $W_{外力}$ は，図のように上向きに一定の外力 F を加えて，上向きに距離 h だけ移動させるため，
$W = Fh$
これに(1)の答えを代入すると，
$W = mgh$

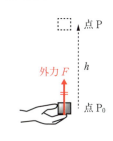

(3) (2)は重力につりあう外力がした仕事なので，点 P_0 を基準点とする点 P における重力による位置エネルギーの定義そのものになります．
よって，$U(P) = mgh$．

[9.4]
[(1)の指針]　ばねは縮んでいるので，伸びる向きである左向きに物体に弾性力を与えます．その大きさは，ばね定数 k と縮み x をかけた kx となります．そのため，これにつりあう外力 F は右向きになります．

(1) 力の図示は図のようになります．
力のつりあいより，
$0 = F - kx$
よって，
$F = kx$　右向き．

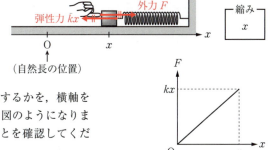

なお，位置 x とともに外力 F がどう変化するかを，横軸を x，縦軸を F にとった F-x グラフで表すと図のようになります．外力 F は位置 x とともに値が変わることを確認してください．

[(2)の指針]　(1)より外力 F は一定ではないとわかります．そのため，外力 F が物体にした仕事は，(仕事) = (力) × (移動距離) から求めることはできません．そこで，積分を計算することによって求めます．

(2) 外力がした仕事は，
$W_{外力} = \int_0^x F\,dx$

これに(1)の答えを代入して整理すると，
$W_{外力} = \int_0^x kx\,dx = \left[\frac{1}{2}kx^2\right]_0^x = \frac{1}{2}kx^2 - \frac{1}{2}k\cdot 0^2 = \frac{1}{2}kx^2$

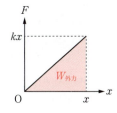

なお，(1)で表した F-x グラフを用いて $W_{外力}$ を計算すると，図のような三角形の面積になります．

(3) (2)は弾性力につりあう外力がした仕事なので，原点 O を基準点とする点 P における弾性エネルギー（ばねによる位置エネルギー）の定義そのものになります．
よって，$U(P) = \frac{1}{2}kx^2$．

第 10 章

[10.1]

$l = mrv$ から求められます．
$$3.0 \times 10^2 \times 1.5 \times 10^8 \times 4.2 \times 10^6 = 1.89 \times 10^{17} ≒ 1.9 \times 10^{17} \text{ J·s}$$

[10.2]

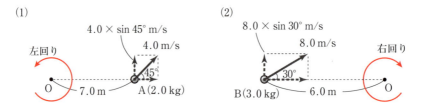

(1) 左回りに $l_A = 2.0 \times 7.0 \times 4.0 \sin 45° = 39.48 ≒ 39$ J·s

(2) 右回りに $l_B = 3.0 \times 6.0 \times 8.0 \sin 30° = 72$ J·s

[10.3]

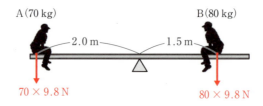

(1) A さんの重力の大きさは 70×9.8 N より，求める力のモーメントは，左回りに
   $2.0 \times 70 \times 9.8 = 1372 ≒ 1.4 \times 10^3$ N·m．

(2) B さんの重力の大きさは 80×9.8 N より，求める力のモーメントは，右回りに
   $1.5 \times 80 \times 9.8 = 1176 ≒ 1.2 \times 10^3$ N·m．

(3) A さんの力のモーメントの方が大きい．

[10.4]

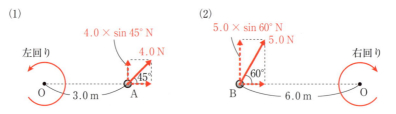

(1) 左回りに $N_A = 3.0 \times 4.0 \sin 45° = 8.46 ≒ 8.5$ N·m

(2) 右回りに $N_B = 6.0 \times 5.0 \sin 60° = 25.95 ≒ 26$ N·m

[10.5]

(1) 小物体にはたらく力は重力，張力，垂直抗力の 3 つであり，重力と垂直抗力はともに鉛直方向を向き，張力は常に点 O を向いているため，点 O のまわりの力のモーメントは常にゼロになります．よって，点 O のまわりで角運動量保存則が成立します．

(2) 角運動量保存則より $mr_1 v_1 = mr_2 v_2$，　よって，$v_2 = \dfrac{r_1 v_1}{r_2}$．

索　引

ア

値　137

イ

位相　72
　初期——　70, 72
位置エネルギー　108
　重力による——　110
　ばねによる——　110
　保存力がする仕事と——
　　の関係式　111
一般解　47

ウ

運動エネルギー　93, 102
　——と仕事の関係　102
運動の三法則（基本法則）
　27, 32, 128
運動方程式　30
運動量　82, 88
　——と力積の関係　88
　——保存則　89
　角——　116, 120, 124

エ

n 階の微分方程式　48
x, y, z 成分　144
演算子　10
鉛直投げ上げの公式　55
鉛直投げ下ろしの公式　160
鉛直方向　17

カ

解　46
　一般——　47
階数　48
外積　120
　ベクトルの——　148
外力　90
角運動量　116, 118, 120, 121
　——と力のモーメントの
　　関係　124
　——保存則　117, 124

角振動数　70
加速度　2, 7
　重力——の大きさ　16
　瞬間の——　7
　平均の——　7
加法定理　143
関数　137
　原始——　12
　三角——　139
　指数——　58
　導——　9
慣性系　32
慣性抵抗　23
慣性力　15

キ

基本法則（運動の三法則）
　27, 32, 128
　力学の——　25

ケ

撃力　90
原始関数　12

コ

公理　27
抗力　21
　垂直——　20
国際単位系（SI）　41

サ

作用線　15
作用点　15
作用・反作用の法則　25
三角関数　139

シ

時間　3
次元　42
　——解析　43
仕事　94, 95, 99, 101
　——率　101
　保存力がする——と位置
　　エネルギーの関係式

　111
　力学的エネルギーと非保存
　　力の——の関係　112
指数　58
　——関数　58
　——関数型の運動　64
自然対数の底 e　59
質点　18
　——系　18
周期　71
　ばね振り子の——　78
重心　17
終端速度　64
自由落下の公式　54
重力（万有引力）　15, 22
　——加速度の大きさ　16
　——による位置エネル
　　ギー　110
瞬間の加速度　7
瞬間の速度　5
初期位相　70, 72
初期条件　49
振幅　70

ス

垂直抗力　20
水平方向　17
数値　2

セ

積分　2, 12
　——定数　12
　定——　86
　不定——　12
接触力　15, 19
線形性　13
線形微分方程式　48
線積分　98

ソ

速度　2, 5
　終端——　64
　瞬間の——　5
　第一宇宙——　6

172　索　引

第二宇宙 —— 6
平均の —— 4

タ

第一宇宙速度　6
対数　59
　—— 関数　59
　自然 —— の底 e　59
大統一理論　22
第二宇宙速度　6
単位　2, 41
　国際 —— 系(SI)　41
単振動　70
弾性エネルギー(ばねによる
　位置エネルギー)　110
弾性力　22

チ

力の合成　24
力のつりあい　38
力の分解　24
力のモーメント(トルク)
　121, 124
張力　19

ツ

強い相互作用　22

テ

定義　27
抵抗力　23
定積分　86
定理　27
電磁気力　15, 22

ト

等加速度直線運動の公式　53
導関数　9
等速直線運動の公式　159

トルク(力のモーメント)
　121

ナ

内積　100
　ベクトルの —— 147
内力　90

ニ

2階時間微分　8

ネ

粘性抵抗　23

ハ

ばね定数　22
ばねによる位置エネルギー
　(弾性エネルギー)　110
ばね振り子の周期　78
速さ　5
万有引力　18
　—— 定数　18

ヒ

引数　137
微分　2, 9
　—— 係数(微係数)　9
　2階時間 —— 8
微分方程式　46
　—— の解　46
　—— を解く　46
　n 階の ——　48
　線形 ——　48
非保存力　107
　力学的エネルギーと ——
　の仕事の関係　112

フ

物理量　2, 41

不定積分　12

ヘ

平均の加速度　7
平均の速度　4
ベクトル　144
　—— の外積　148
　—— の成分表示　144
　—— の内積　147
変位　3

ホ

保存力　107
　—— がする仕事と位置エ
　ネルギーの関係式　111
　非 ——　107

マ

摩擦力　21
末位の桁数　134

ユ

有効数字　134

ヨ

弱い相互作用　22

ラ

ラジアン　139

リ

力学的エネルギー　112
　—— と非保存力の仕事の
　関係　112
　—— 保存則　113
力学の基本法則　25
力積　83, 87

著者略歴

竹川 敦（たけかわ あつし）

2004年 東京大学教養学部広域科学科卒業．
2006年 東京大学大学院総合文化研究科広域科学専攻修士課程修了．
　　　 修士（学術）．専攻は非平衡統計力学．
2007年 高等学校教諭専修免許状取得．
現　在 栄東高等学校教員．
　　　 文部科学省検定済教科書「物理基礎」「高校物理基礎」（実教出版，平成24年度発行）編修委員．
著書：「マクスウェル方程式で学ぶ 電磁気学入門」（裳華房）
　　　「大学生のための 力学入門」（共著，裳華房）
　　　「マクスウェル方程式から始める 電磁気学」（共著，裳華房）

講義がわかる　力学
── やさしく・ていねいに・体系的に ──

2019年 9月10日　第1版1刷発行
2023年 3月30日　第1版2刷発行

検印省略

定価はカバーに表示してあります．

著作者　竹川　敦
発行者　吉野和浩
　　　　東京都千代田区四番町 8-1
　　　　電　話　03-3262-9166（代）
発行所　郵便番号　102-0081
　　　　株式会社　裳華房
印刷所　中央印刷株式会社
製本所　株式会社　松岳社

一般社団法人
自然科学書協会会員

JCOPY 〈出版者著作権管理機構 委託出版物〉

本書の無断複製は著作権法上での例外を除き禁じられています．複製される場合は，そのつど事前に，出版者著作権管理機構（電話03-5244-5088, FAX 03-5244-5089, e-mail: info@jcopy.or.jp）の許諾を得てください．

ISBN 978-4-7853-2262-5

© 竹川 敦, 2019　Printed in Japan

大学生のための 力学入門

小宮山 進・竹川 敦 共著　A5判／220頁／定価 2420円（税込）

　本書は，これまで大学の初年級の理工系学生に対し，ほぼ30年間にわたって行なってきたニュートン力学の講義を基にして，高校生の物理教育に携わっている共著者とともに執筆したものである.
　講義では，既に完成された体系を初学者に解説するという形ではなく，学生自身が授業の中で力学上の問題に直面し，自分で考え，自ら法則を発見するように導くことを目指してきた．また，基本法則から導かれる中間的な法則が数多く存在し，その法則同士の関連も極めて重要である．そのため本書では，法則の導出方法も丁寧に示すことで，より基本的な法則との関連をはっきり示すように心掛けた．
　物理学の基礎である力学の学習を通して，物理学の面白さ・魅力を感じてもらえれば幸いである．
　【主要目次】1．力学の法則　2．極座標による運動の記述　3．いろいろな運動　4．強制振動と線形微分方程式の一般的な解法　5．加速度系　6．エネルギーの保存　7．質点系　8．剛体の力学

マクスウェル方程式から始める 電磁気学

小宮山 進・竹川 敦 共著　A5判／288頁／定価 2970円（税込）

　基本法則であるマクスウェル方程式をまず最初に丁寧に解説し，基本法則から全ての電磁気現象を演繹的に解説することで，電磁気学を体系的に理解できるようにした．クーロンの法則から始める従来のやり方とは異なる初学者向けの全く新しい教科書・参考書であり，首尾一貫した見通しの良い論理の流れが全編を貫く．理工学系の応用・実践のために充実な基礎を与え，初学者だけでなく，電磁気学を学び直す社会人にも適する．
　【主要目次】1．電磁気学の法則　2．マクスウェル方程式（積分形）　3．ベクトル場とスカラー場の微分と積分　4．マクスウェル方程式（微分形）　5．静電気　6．電場と静電ポテンシャルの具体例　7．静電エネルギー　8．誘電体　9．静磁気　10．磁性体　11．物質中の電磁気学　12．変動する電磁場　13．電磁波

マクスウェル方程式で学ぶ 電磁気学入門

竹川 敦 著　A5判／202頁／定価 2640円（税込）

　本書は，『マクスウェル方程式から始める　電磁気学』の共著者の一人である著者が，同書よりも敷居を低くし，"マクスウェル方程式から始める"スタイルでの電磁気学を初めて学ぶ方々に向けて，わかりやすさを重視して，その本質となる初歩的な内容に絞って丁寧に解説したものである．また，予備知識がなくても読み進めることができるように，必要となる大学レベルの数学まで含めてやさしく解説した．
　【主要目次】Prologue　―電磁気学に必要な数学―　P1　電磁気学に必要な数学（1）　P2　電磁気学に必要な数学（2）　Chapter　―電磁気学―　1．マクスウェル方程式　2．一般的な導出事項　3．静電気（1）　4．静電気（2）　5．静磁気（1）　6．静磁気（2）　Appendix　―問題形式による本文の補足―

本質から理解する 数学的手法

荒木 修・齋藤智彦 共著　A5判／210頁／定価 2530円（税込）

　大学理工系の初学年で学ぶ基礎数学について，「学ぶことにどんな意味があるのか」「何が重要か」「本質は何か」「何の役に立つのか」という問題意識を常に持って考えるためのヒントや解答を記した．話の流れを重視した「読み物」風のスタイルで，直感に訴えるような図や絵を多用した．
　【主要目次】1．基本の「き」　2．テイラー展開　3．多変数・ベクトル関数の微分　4．線積分・面積分・体積積分　5．ベクトル場の発散と回転　6．フーリエ級数・変換とラプラス変換　7．微分方程式　8．行列と線形代数　9．群論の初歩

裳華房ホームページ　https://www.shokabo.co.jp/